英国数学真简单团队/编著　华云鹏 董雪/译

DK儿童数学分级阅读 第六辑

几何与图形

電子工業出版社
Publishing House of Electronics Industry
北京 · BEIJING

版权贸易合同登记号　图字：01-2024-1978

图书在版编目（CIP）数据

DK儿童数学分级阅读. 第六辑. 几何与图形 / 英国数学真简单团队编著；华云鹏，董雪译. --北京：电子工业出版社，2024.5
ISBN 978-7-121-47660-0

Ⅰ. ①D…　Ⅱ. ①英…　②华…　③董…　Ⅲ. ①数学－儿童读物　Ⅳ. ①O1-49

中国国家版本馆CIP数据核字（2024）第070471号

出版社感谢以下作者和顾问：Andy Psarianos, Judy Hornigold, Adam Gifford和Anne Hermanson博士。
已获Colophon Foundry的许可使用Castledown字体。

责任编辑：苏　琪
印　　刷：鸿博昊天科技有限公司
装　　订：鸿博昊天科技有限公司
出版发行：电子工业出版社
　　　　　北京市海淀区万寿路173信箱　　邮编：100036
开　　本：889×1194　1/16　印张：18　　字数：303千字
版　　次：2024年5月第1版
印　　次：2024年11月第2次印刷
定　　价：128.00元（全6册）

凡所购买电子工业出版社图书有缺损问题，请向购买书店调换。若书店售缺，请与本社发行部联系，联系及邮购电话：（010）88254888，88258888。
质量投诉请发邮件至zlts@phei.com.cn，盗版侵权举报请发邮件至dbqq@phei.com.cn。
本书咨询联系方式：（010）88254161转1868，suq@phei.com.cn。

www.dk.com

目录

面积	4
多边形的面积	8
长方体和立方体的体积	14
对顶角	18
三角形和四边形的内角	22
圆	26
绘制图形	28
绘制平面展开图	32
坐标系网格图中的多边形	36
平移、轴对称和图形的运动	40
回顾与挑战	44
参考答案	46

面积

准备

七巧板是由这些规则图形组成的智力玩具。

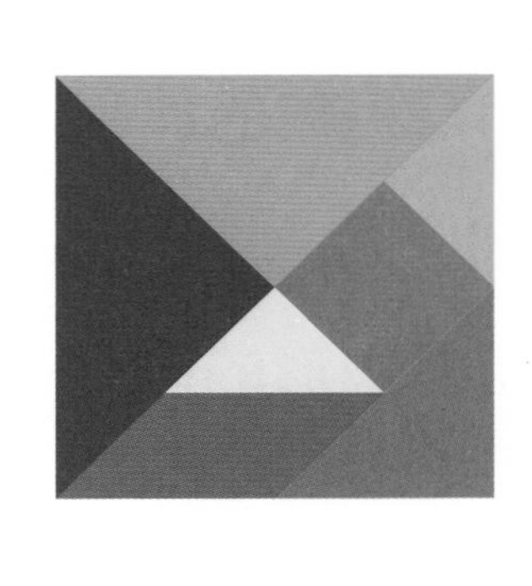

怎样用这些图形拼出面积是4个正方形的长方形呢？

举例

我们可以用正方形测量面积。可以把这个正方形作为面积单位。

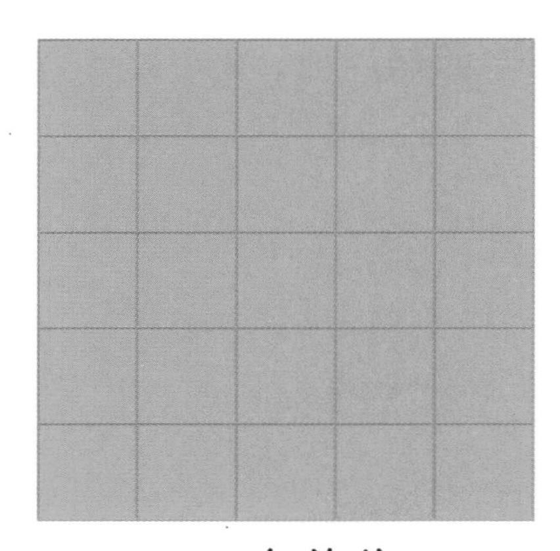

1个单位

我们可以以这个正方形为单位检查长方形的面积。

我用2个大三角形拼了这个大正方形。它的面积是4个正方形或4个正方形单位。

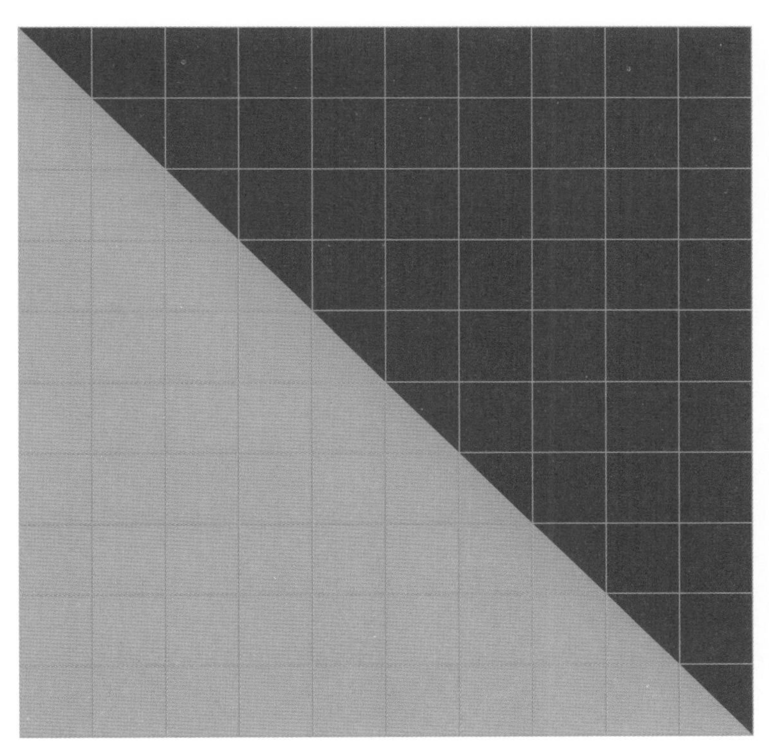

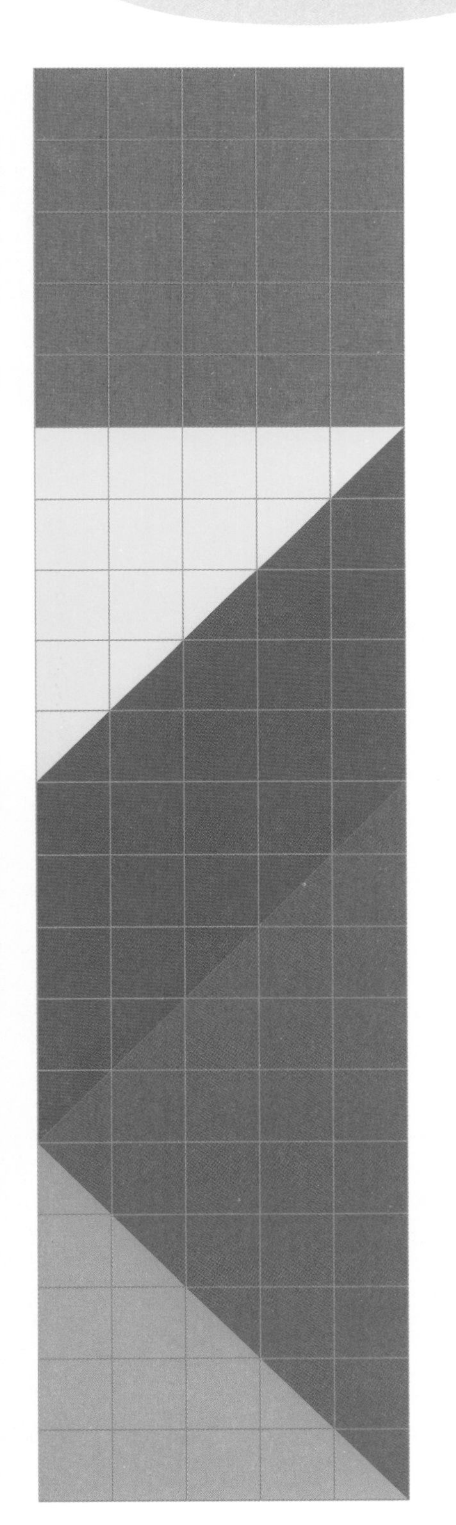

我们还拼了这些长方形。

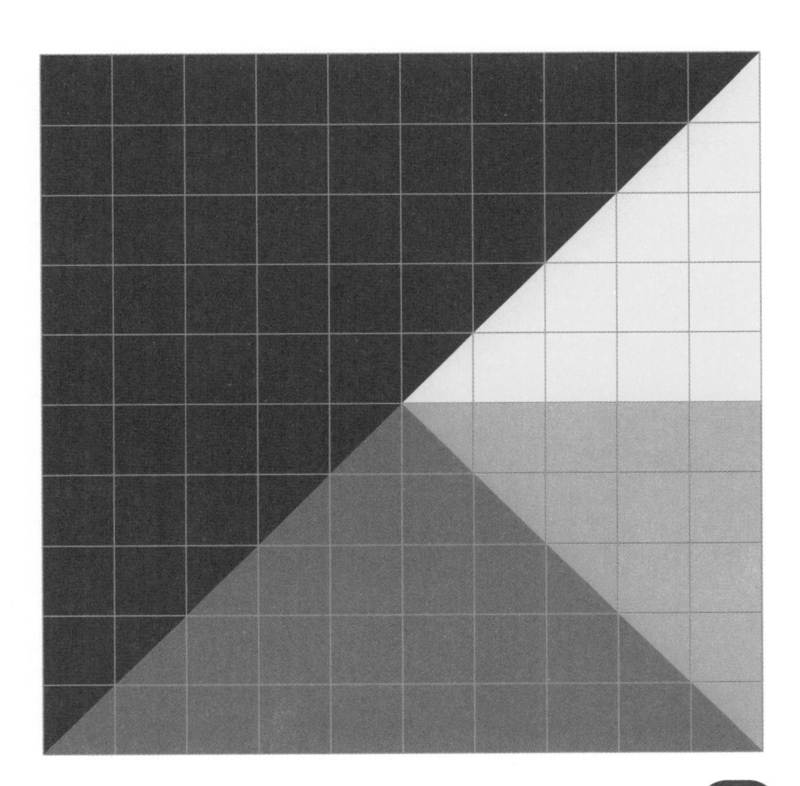

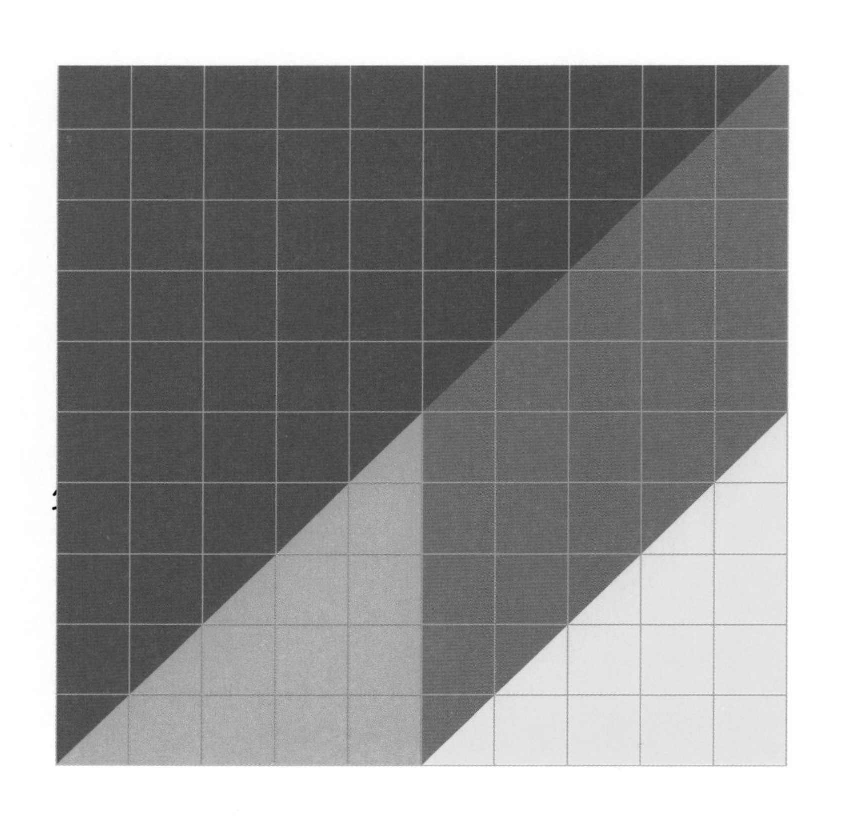

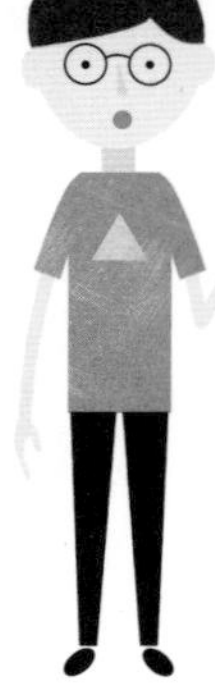

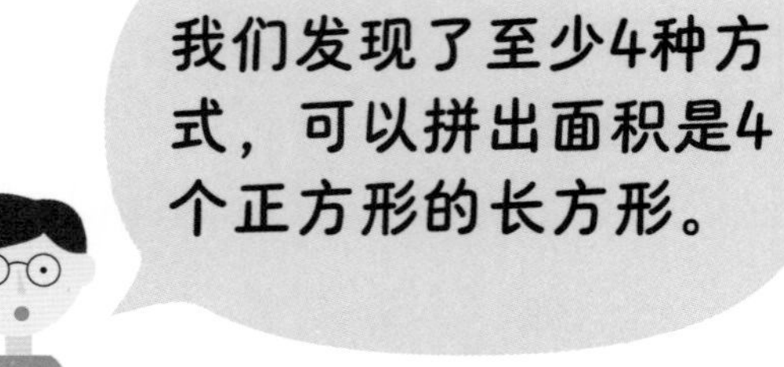

我们发现了至少4种方式，可以拼出面积是4个正方形的长方形。

练 习

用“准备”里的七巧板拼一拼下面的图形，计算它们的面积，并填一填。前两个已经给出示例。

这个正方形是1个单位。

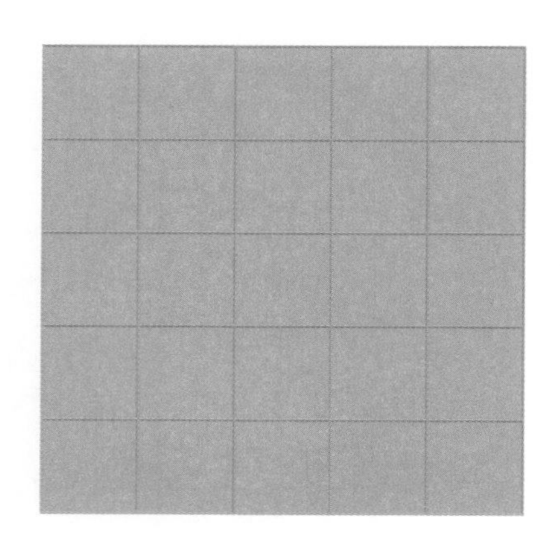

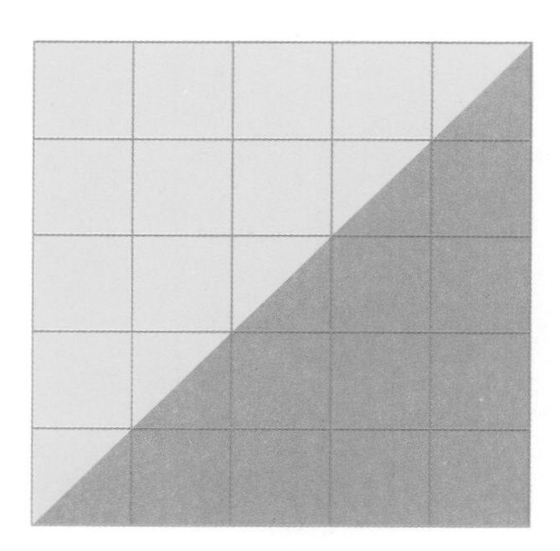

1个单位

❷

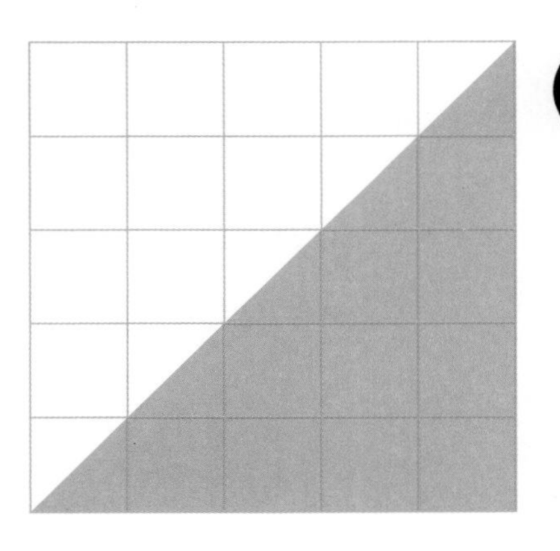

$\frac{1}{2}$个单位

❸

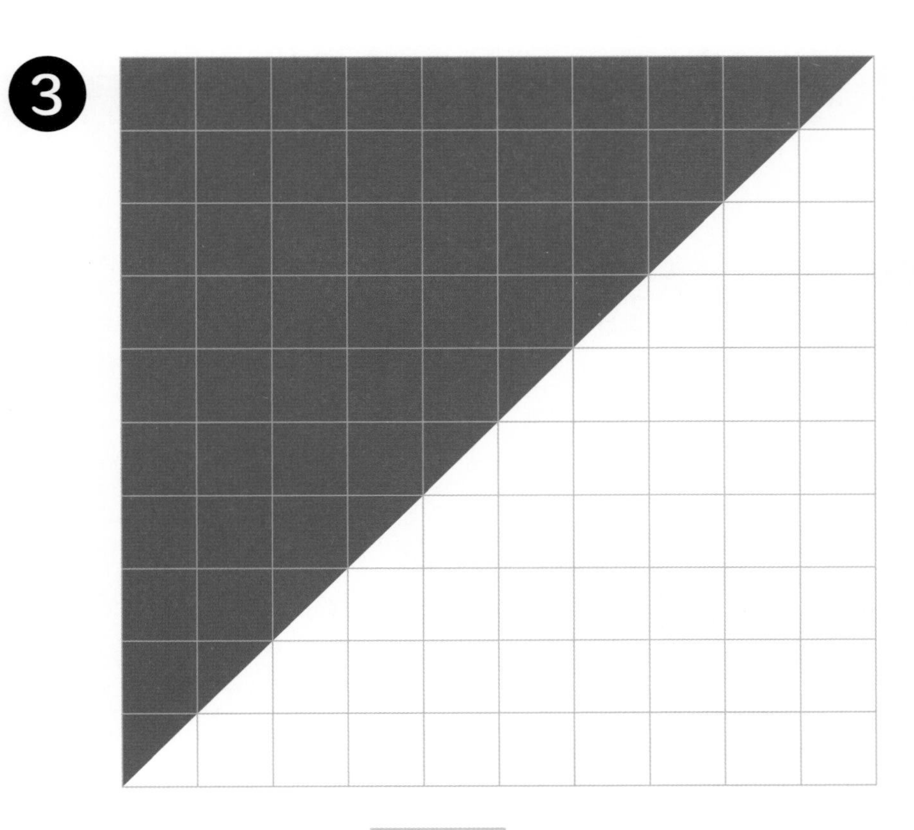

[ ] 个单位

❹

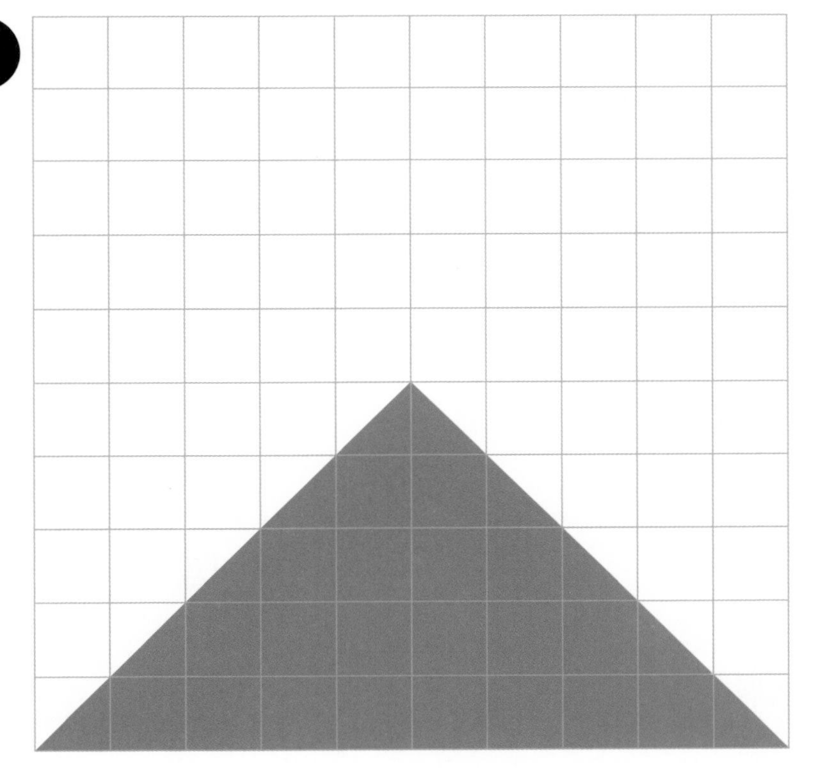

[ ] 个单位

❺

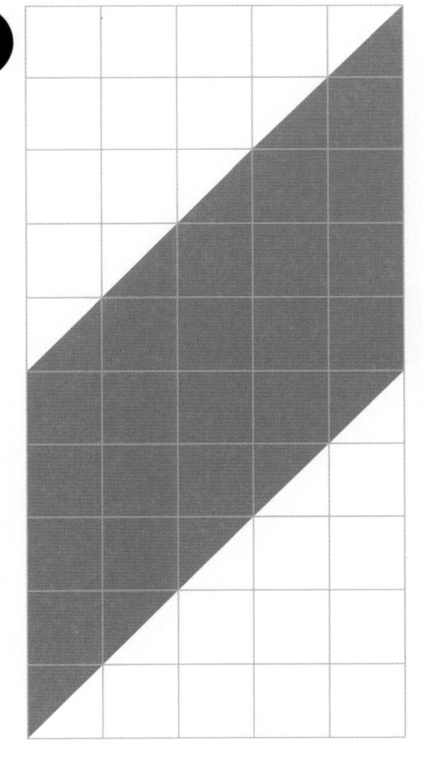

[ ] 个单位

多边形的面积

准备

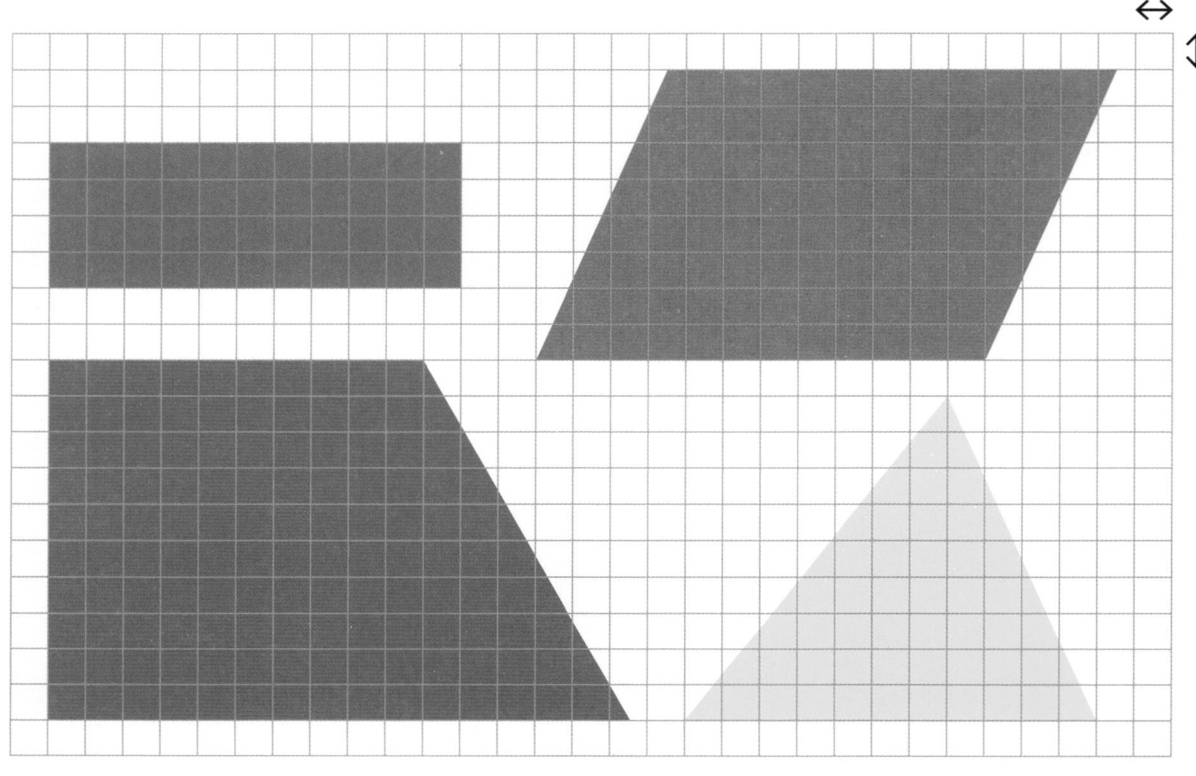

这些图形的面积是多少平方厘米？

举例

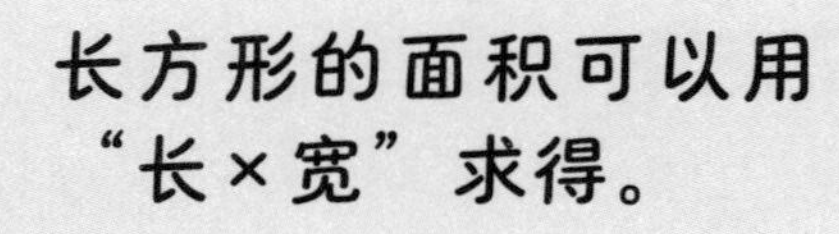

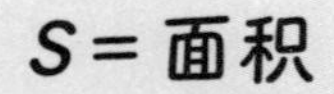

a = 长
b = 宽

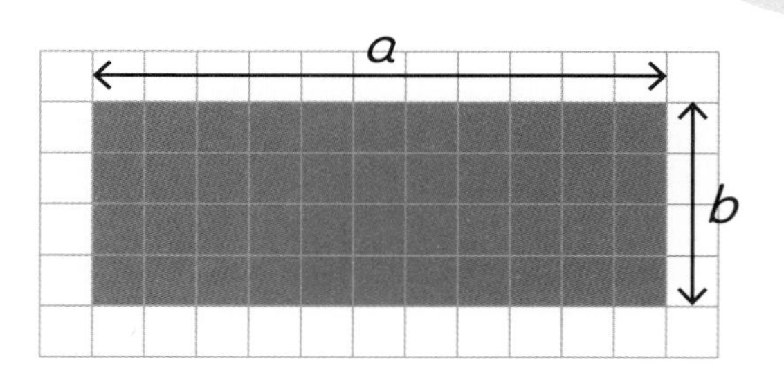

$S = a \times b$是长方形的面积公式。可以不用写乘号。公式还可以写作$S = ab$。

我们知道长和宽的数值，可以将数值代入公式中的a和b。

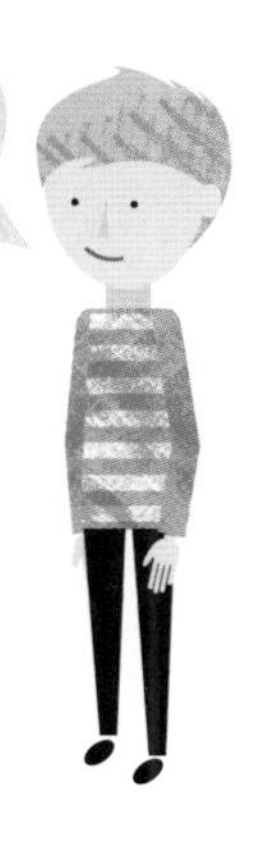

$$
\begin{aligned}
S &= ab \\
&= 11 \times 4 \\
&= 44
\end{aligned}
$$

长方形的面积 = 44平方厘米

我们可以根据长方形的面积求平行四边形的面积。

长方形是特殊的平行四边形，平行四边形可以转化成长方形吗？

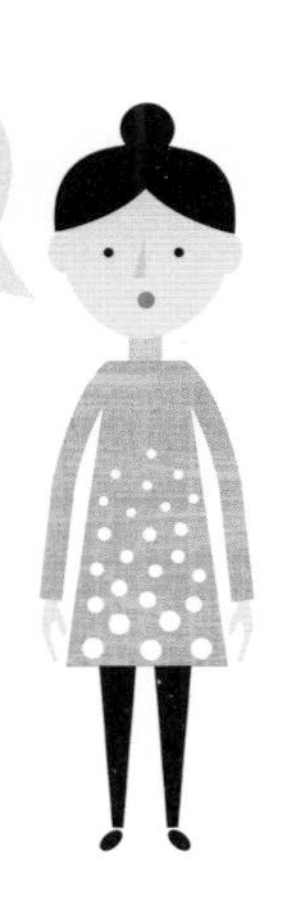

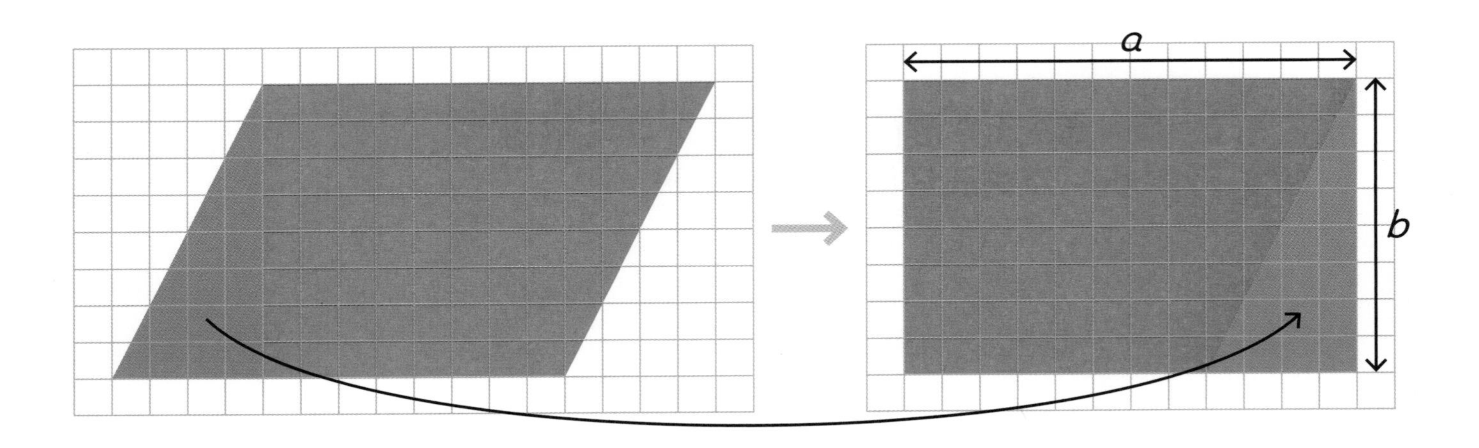

这个平行四边形的面积与这个长方形的面积相等。

平行四边形的面积 $= ab$

$= 12 \times 8$

$= 96$

平行四边形的面积 = 96平方厘米

可以根据长方形的面积求三角形的面积。

这里的底是 *ab*，高是 *h*。

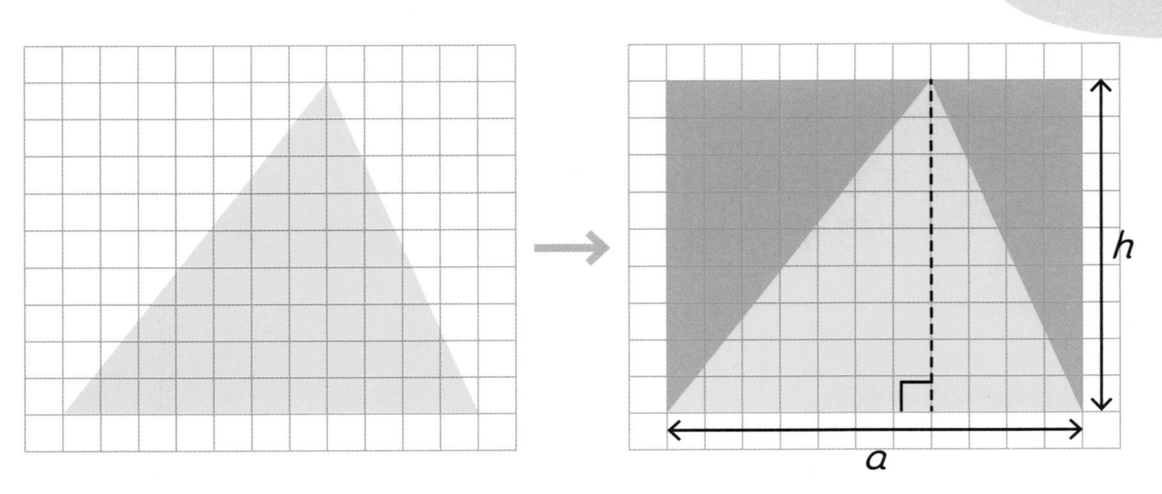

我们可以表示出来三角形的面积是该长方形面积的一半。

要计算三角形的面积，我们需要知道底和高的长度。

$$
\begin{aligned}
\text{三角形的面积} &= \frac{1}{2} \times \text{底} \times \text{高} \\
&= \frac{1}{2} ah \\
&= \frac{1}{2} \times (11 \times 9) \\
&= \frac{1}{2} \times 99 \\
&= 49.5
\end{aligned}
$$

三角形的面积 = 49.5平方厘米

梯形是至少有一组对边平行的四边形。

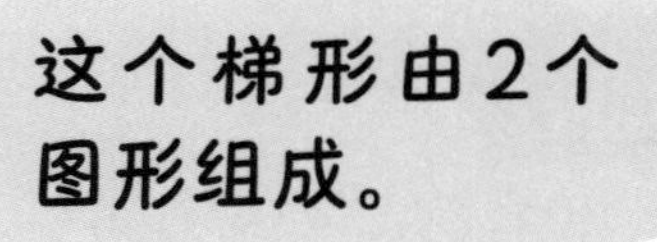

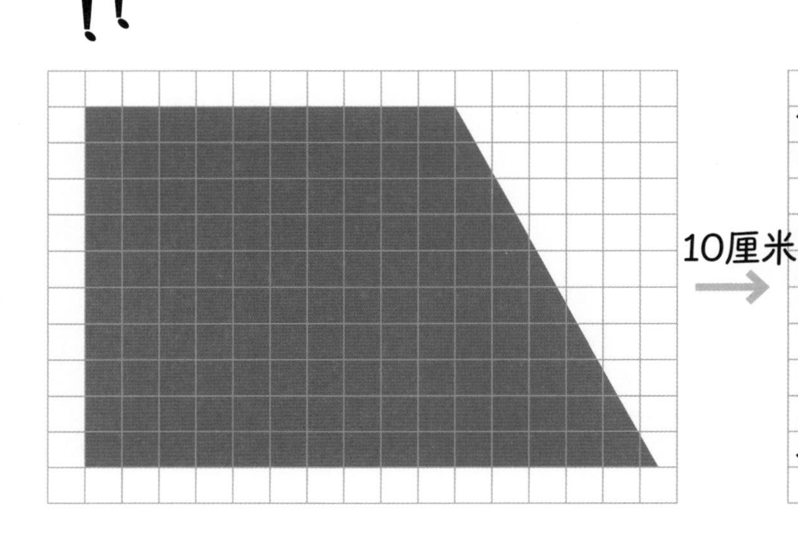

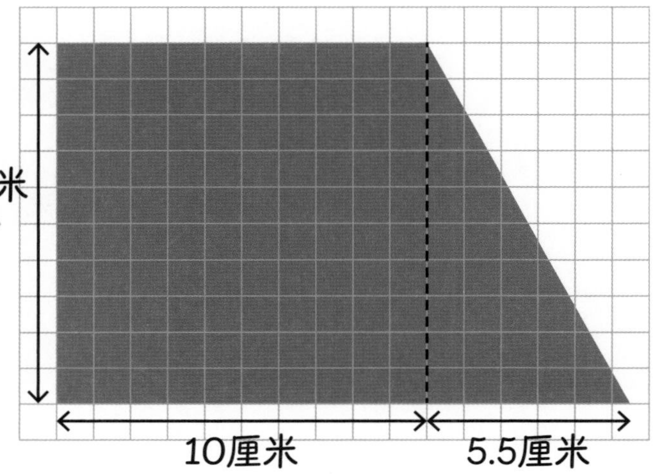

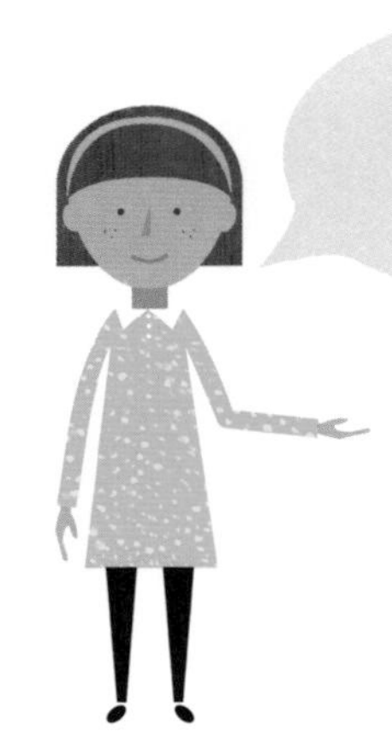

求出正方形和三角形的面积，
就能得到梯形的面积。

长方形 $= ab$

$= 10 \times 10$

$= 100$

三角形 $= \frac{1}{2}ah$

$= \frac{1}{2} \times (5.5 \times 10)$

$= \frac{1}{2} \times 55$

$= 27.5$

梯形的面积 $= 100 + 27.5$
$= 127.5$平方厘米

练 习

计算下面多边形的面积。

1

8厘米

2厘米

面积 = ☐ 平方厘米

2

面积 = ☐ 平方厘米

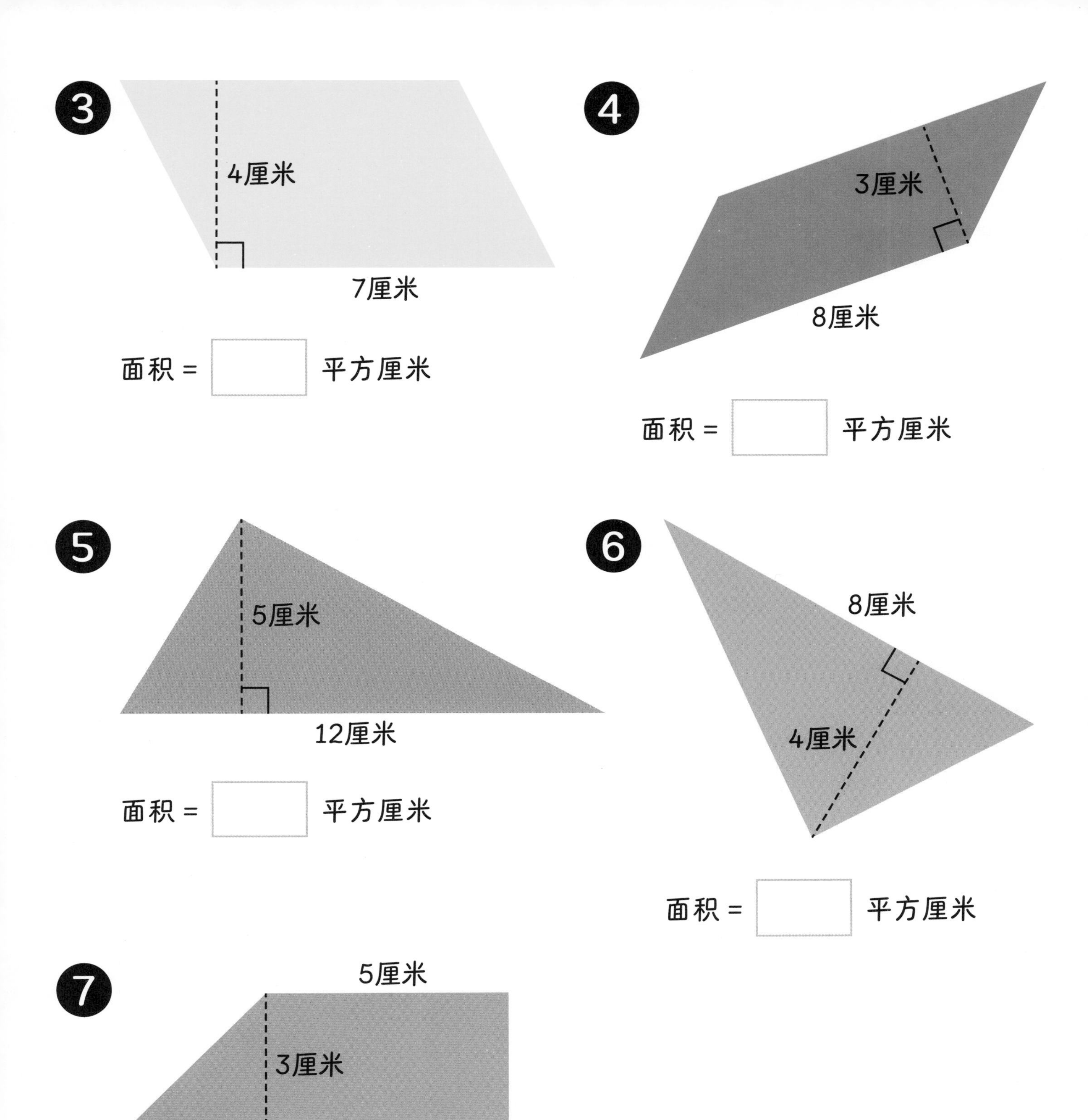

3
4厘米
7厘米
面积 = 平方厘米
4
3厘米
8厘米
面积 = 平方厘米
5
5厘米
12厘米
面积 = 平方厘米
6
8厘米
4厘米
面积 = 平方厘米
7
5厘米
3厘米

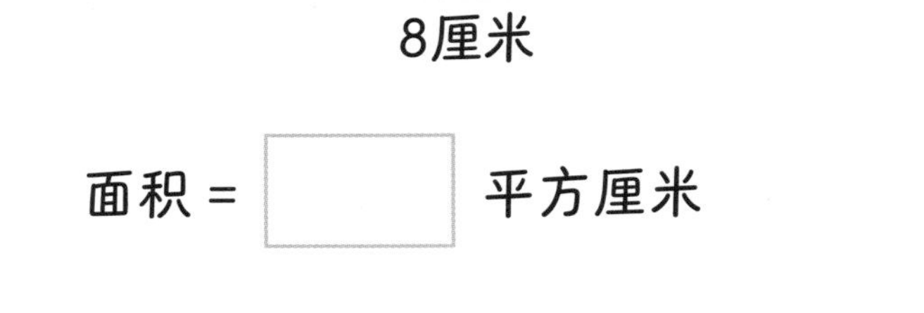

8厘米

面积 = □ 平方厘米

长方体和立方体的体积

第3课

准备

拉维用一些相同的正方体搭出下面的长方体。

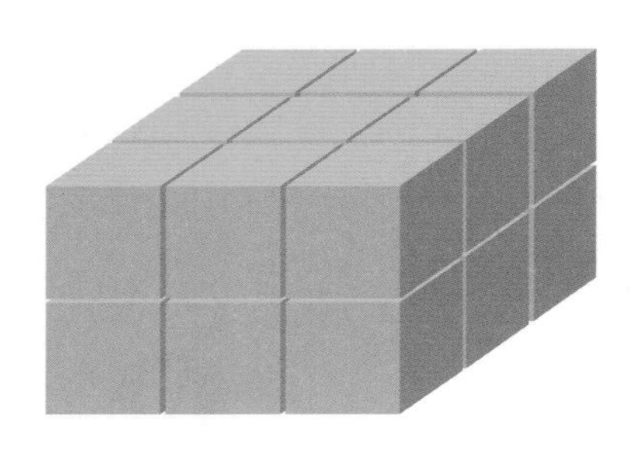

我们怎么求这个长方体的体积？

举例

我们可以用立方厘米测量长方体的体积。

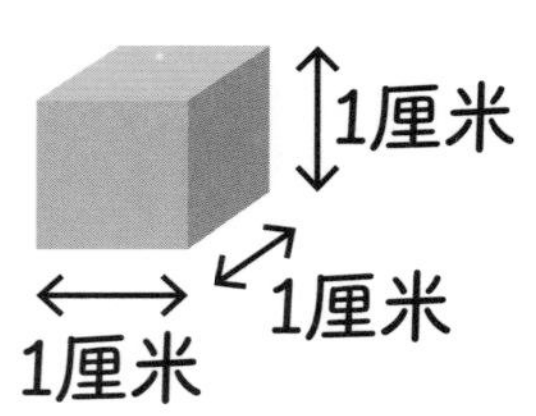

一个正方体的体积是1立方厘米。

我们把1立方厘米写作$1cm^3$。

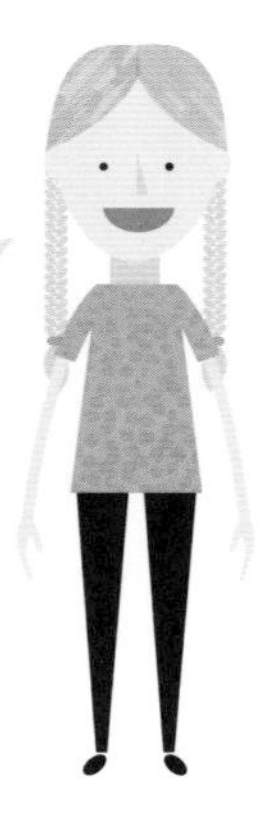

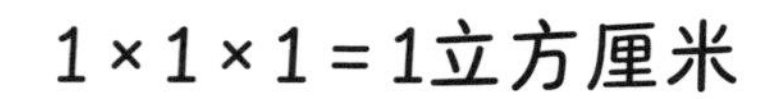

每层长方体有9个正方体，
每排3个正方体，每层3排。

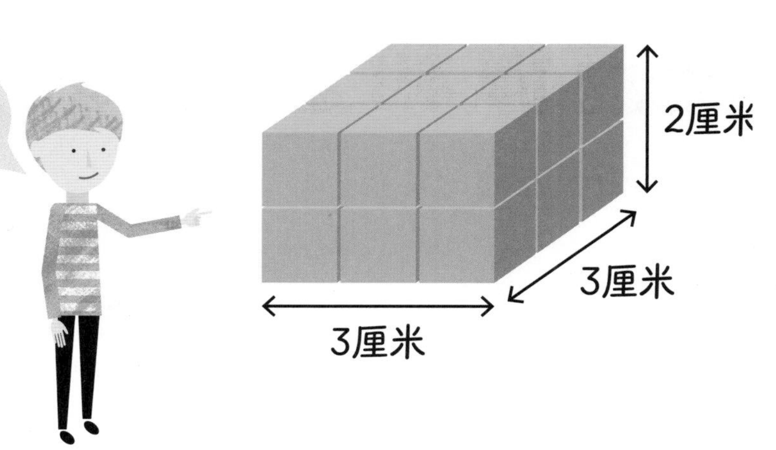

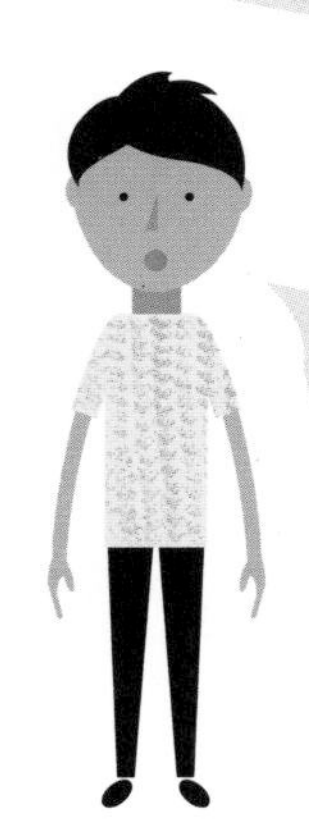

有2层。

3 × 3 × 2 = 18立方厘米
长方体占了18立方厘米的空间。
长方体的体积是18立方厘米。

长方体的体积公式是
长×宽×高。

算一算这个长方体
的体积。

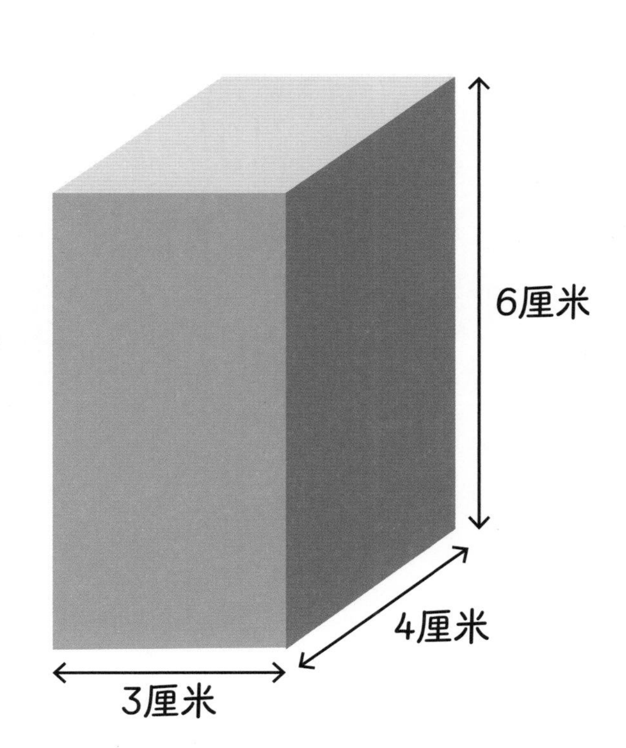

$V = a \times b \times h$
$V = 3 \times 4 \times 6$
$V = 12 \times 6$
$V = 72$

长方体的体积是72立方厘米。

练 习

计算下面长方体的体积。

1

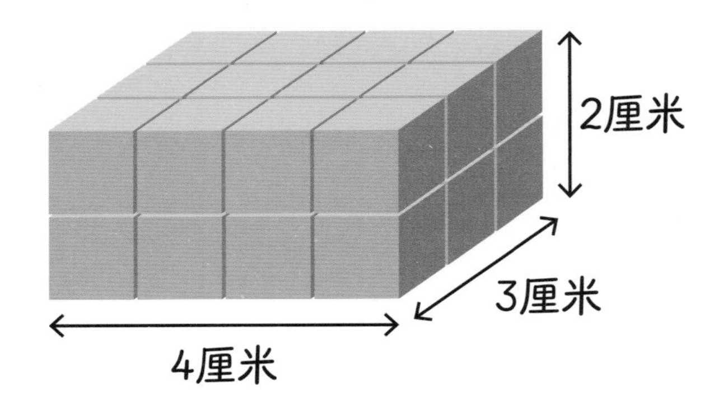

体积=□×□×□

=□立方厘米

2

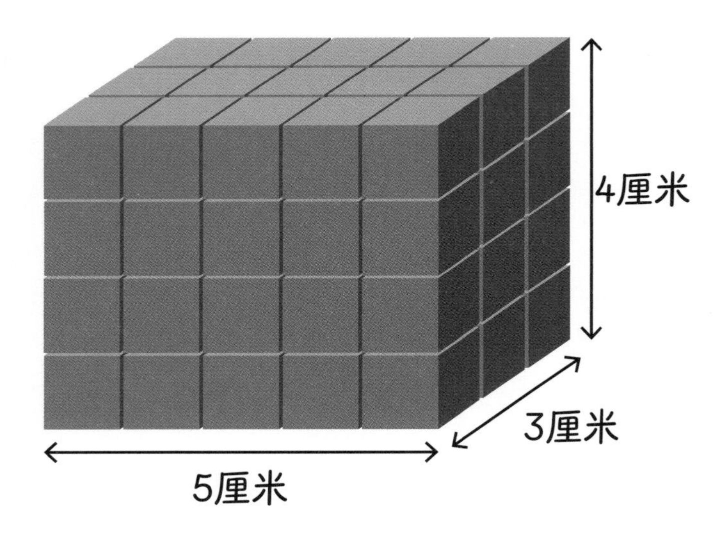

体积 =□×□×□

=□立方厘米

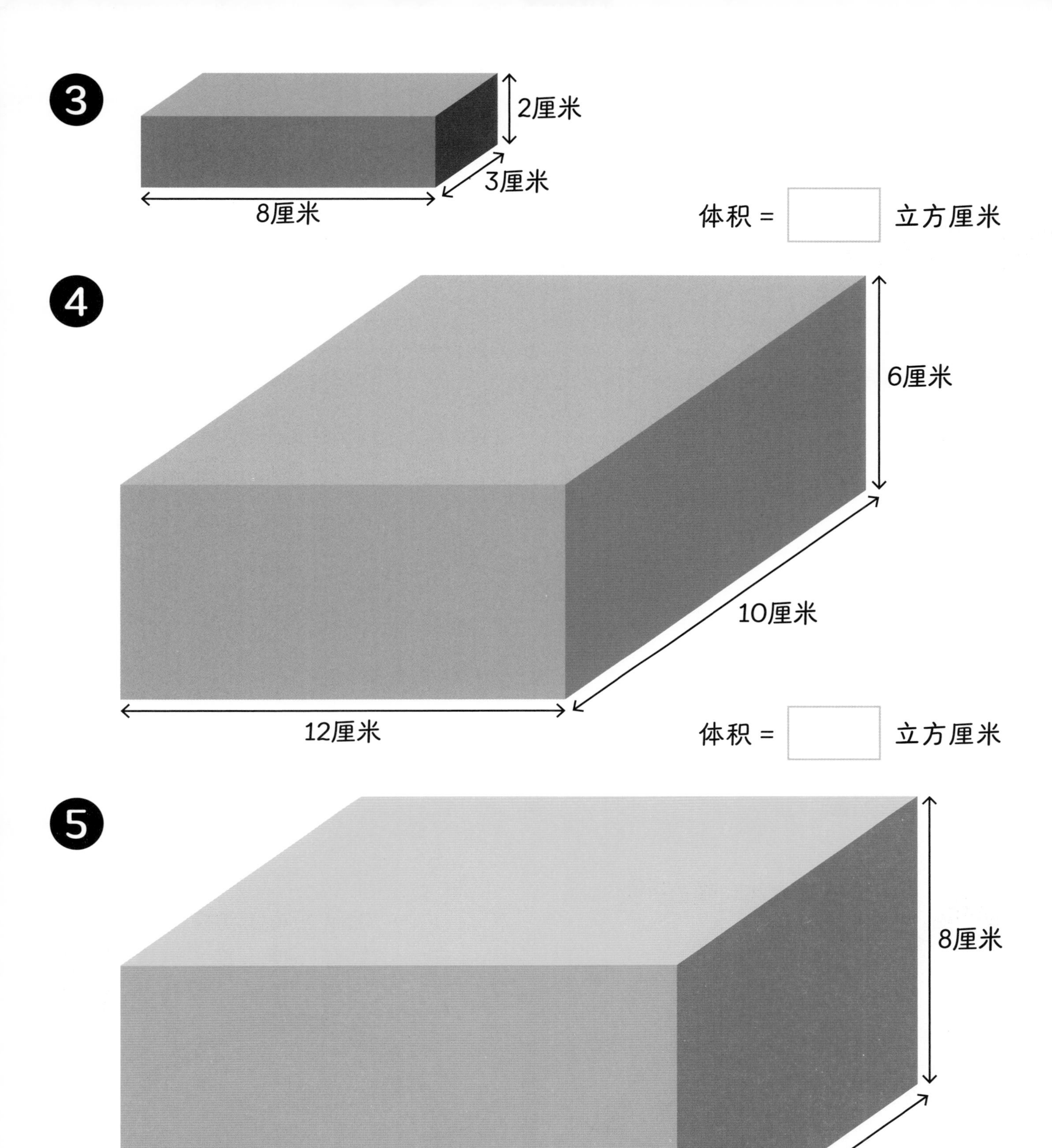

3 体积 = □ 立方厘米

4 体积 = □ 立方厘米

5 体积 = □ 立方厘米

对顶角

准备

萨姆画了2条相交的直线。

他注意到角A和角B有某种关系。

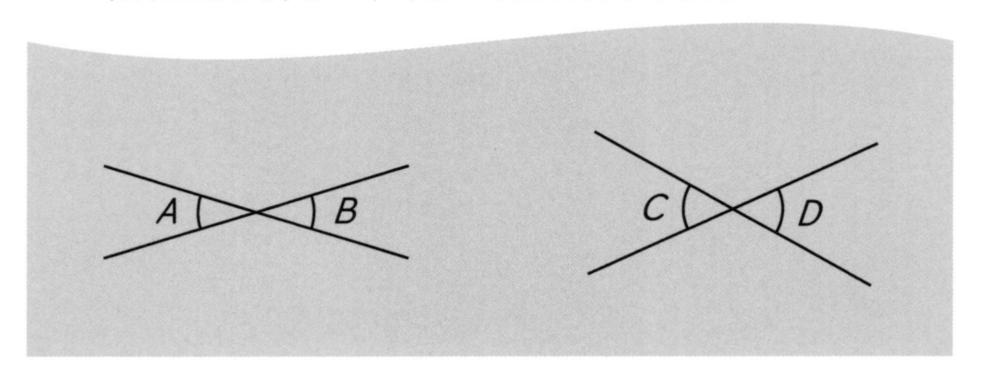

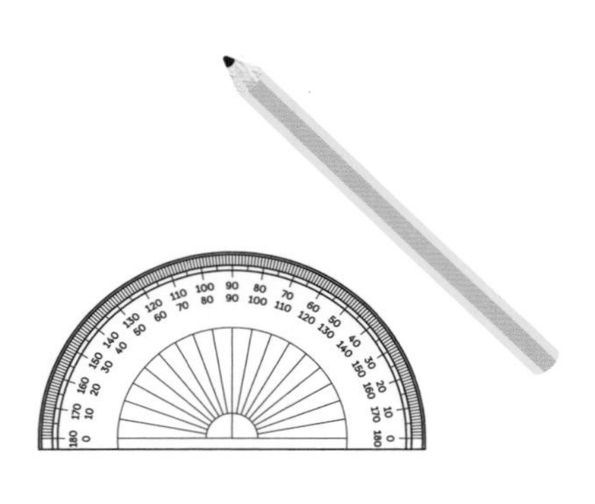

他画了另外2条相交的直线，得到比角A大的角C。

我们怎么描述角D？

举例

量一量角A和角B分别是多少度。

我们把角A和角B写作$\angle A$和$\angle B$。

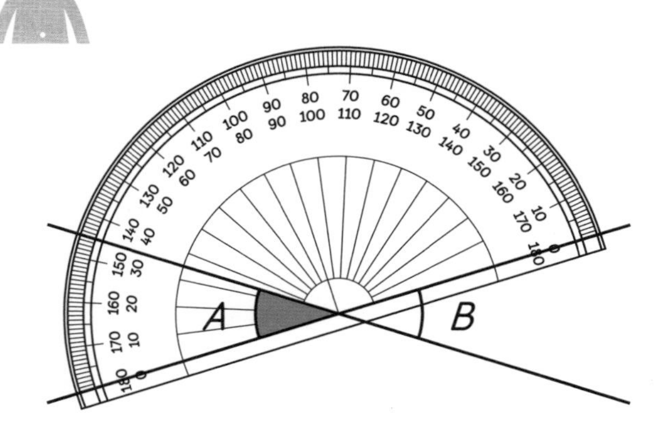

$\angle A = 35°$

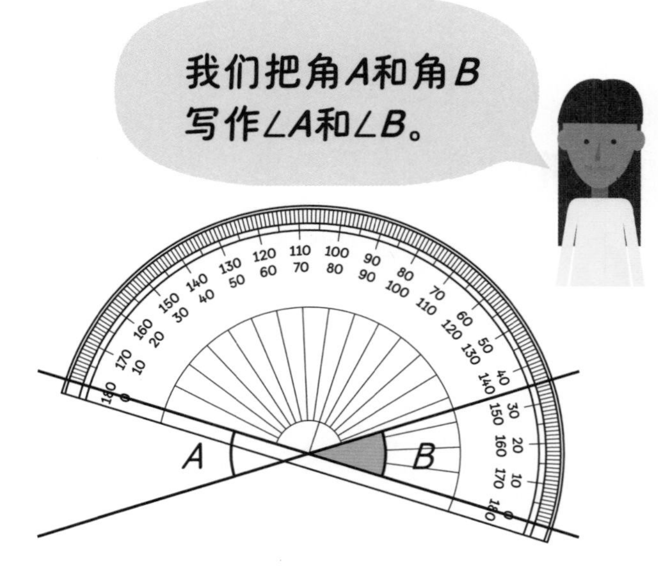

$\angle B = 35°$

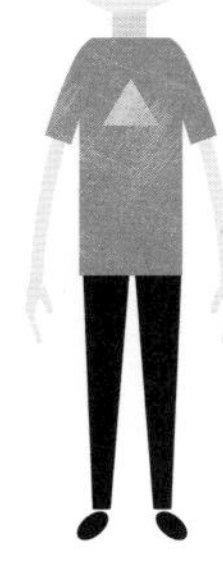

∠A和∠B是对顶角。

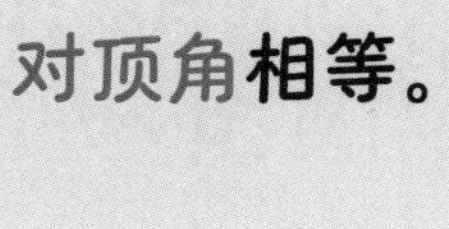

对顶角相等。

量一量∠C和∠D分别是多少度。

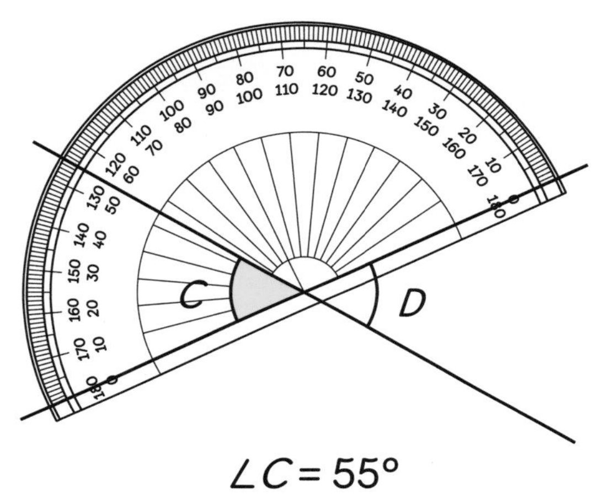

$\angle C = 55°$

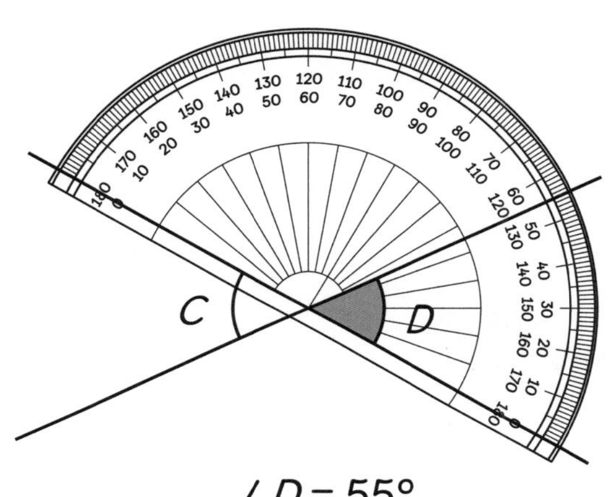

$\angle D = 55°$

∠C和∠D也是对顶角。

算一算∠X和 ∠Y分别是多少度。

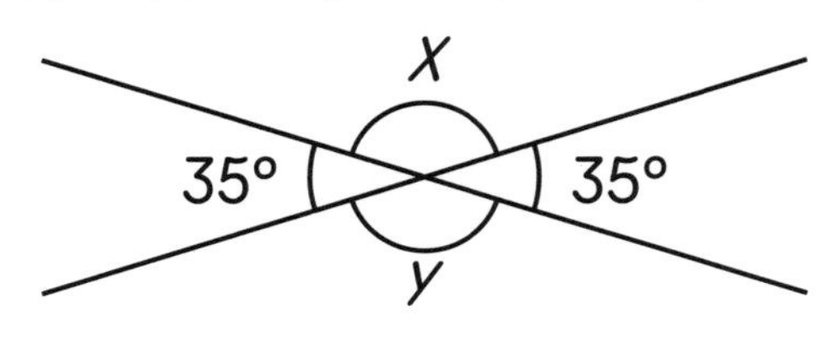

我知道直线上的角的和是180°。

$\angle X = 180° - 35°$

$\angle X = 145°$

如果$\angle X = 145°$,那么 $\angle Y = 145°$。

$35° + 145° + 35° + 145° = 360°$

同一个顶点的角和是360°。

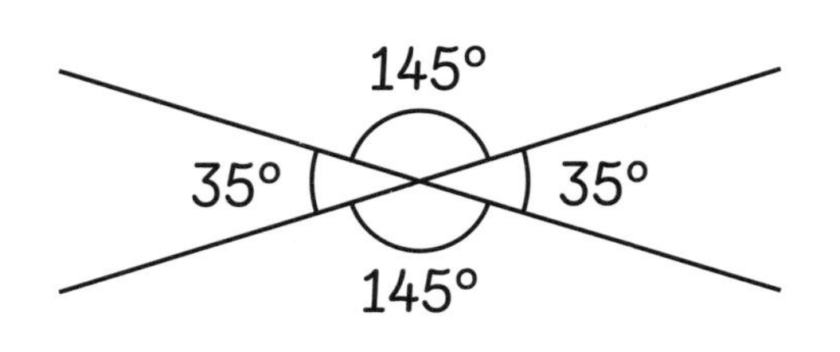

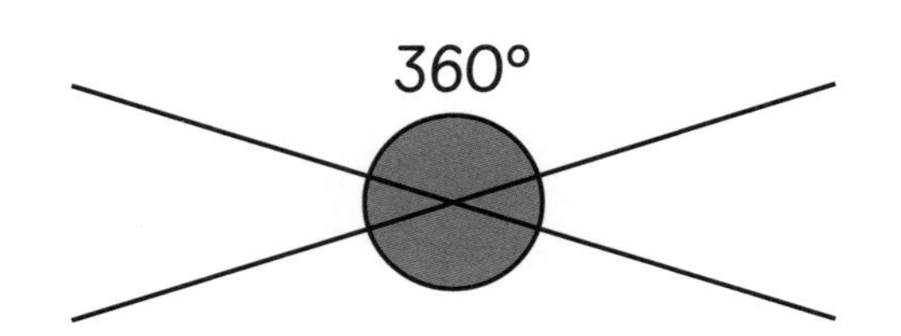

举 例

1 找一找对顶角。

(1)

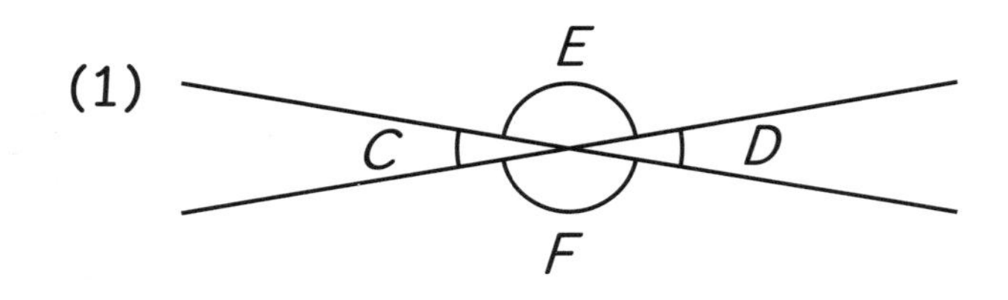

∠ ☐ = ∠ ☐

∠ ☐ = ∠ ☐

(2)

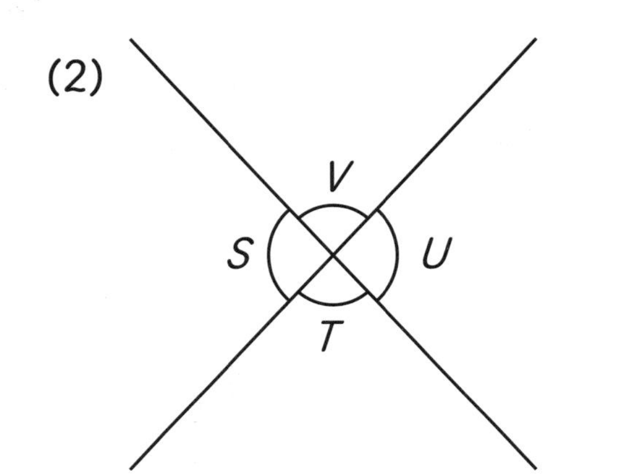

∠ ☐ = ∠ ☐

∠ ☐ = ∠ ☐

2 算一算每个角分别是多少度。

(1)

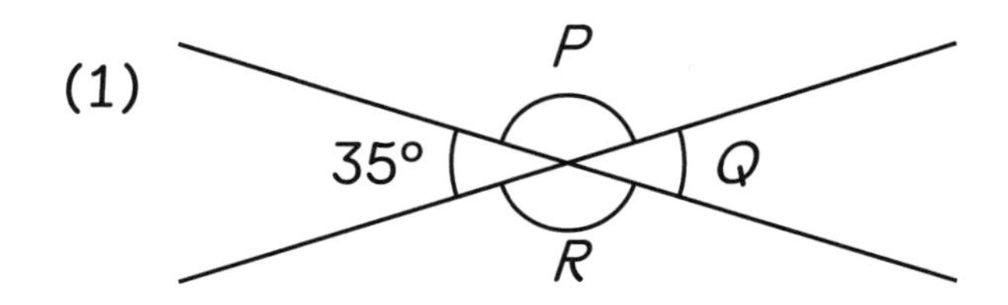

$\angle P =$ ☐ °

$\angle Q =$ ☐ °

$\angle R =$ ☐ °

(2)

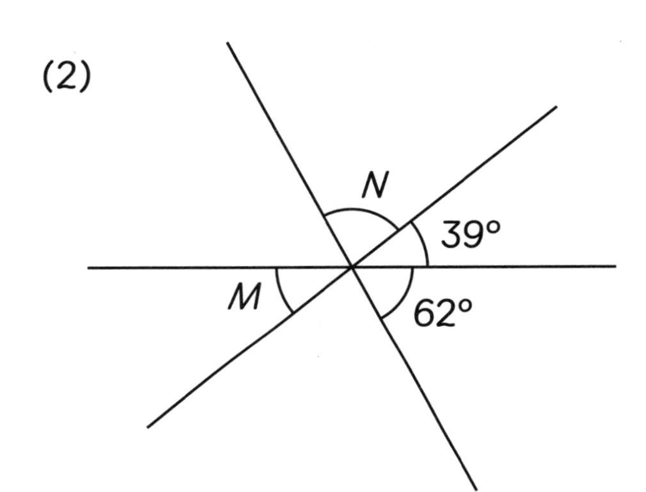

$\angle M =$ ☐ °

$\angle N =$ ☐ °

(3)

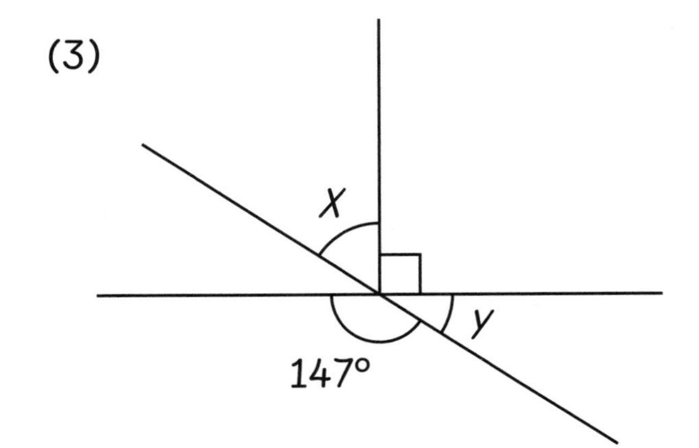

$\angle X =$ ☐ °

$\angle Y =$ ☐ °

三角形和四边形的内角

第5课

准备

三角形内角和一定等于180°吗？

四边形内角和一定等于360°吗？

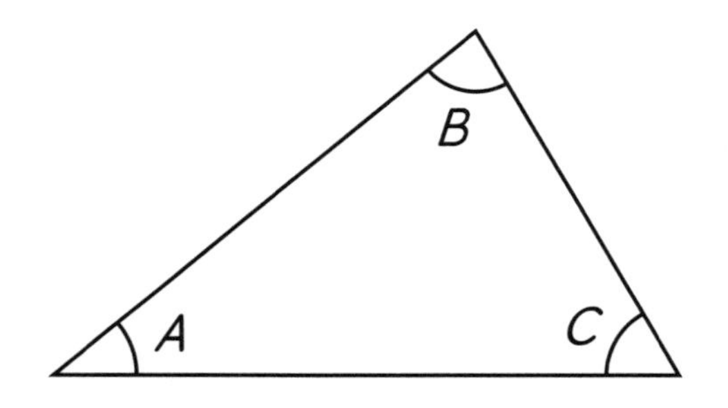

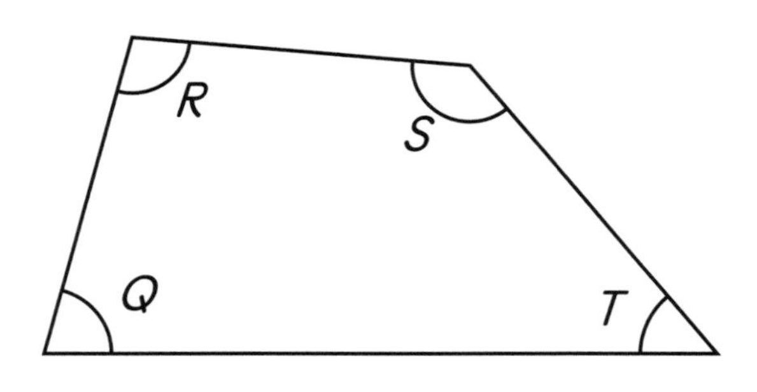

$\angle A+\angle B+\angle C=180°$

$\angle Q+\angle R+\angle S+\angle T=360°$

我们能证明吗？

举例

我们可以量一量每个角，
把角度相加。

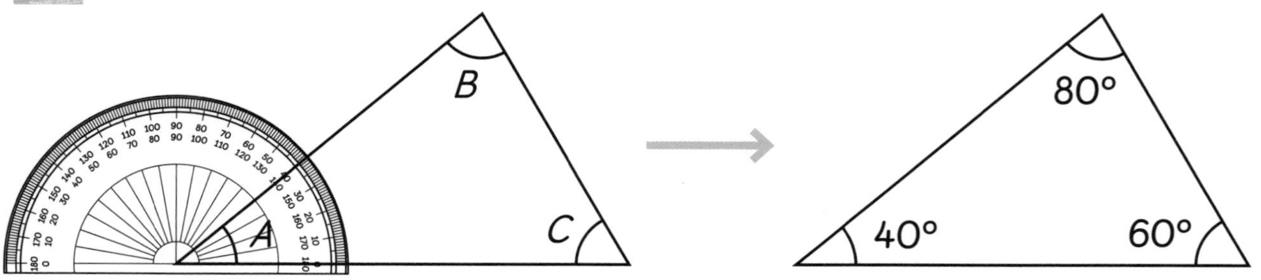

$$\angle A+\angle B+\angle C=40°+80°+60°$$

$$=180°$$

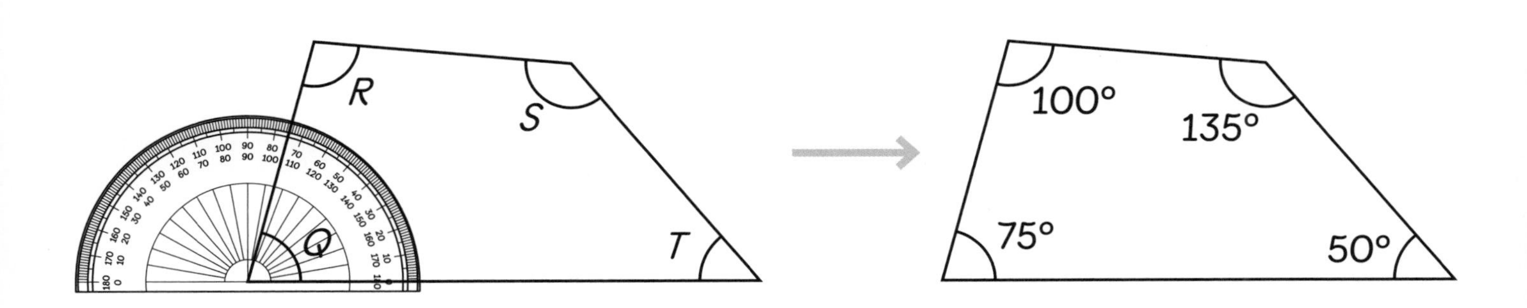
R
S
Q
T
100°
135°
75°
50°

$\angle Q + \angle R + \angle S + \angle T = 75° + 100° + 135° + 50°$

$= 360°$

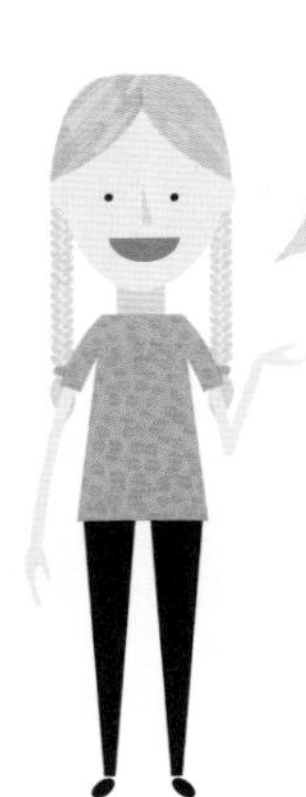
我们还可以用别的方法证明。

我们可以剪下三角形的三个角，
把它们拼在一条直线上。

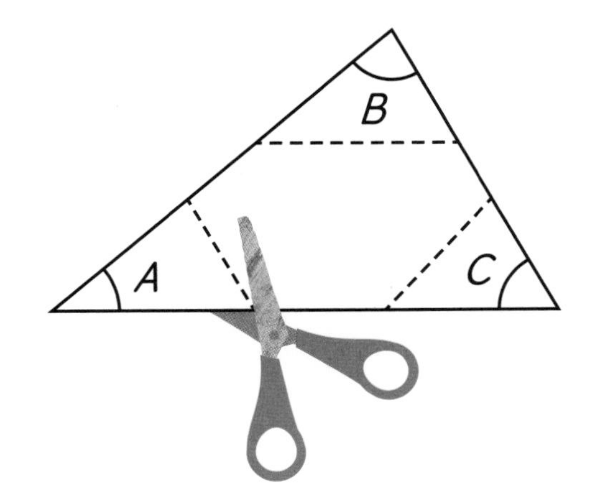
B
A
C

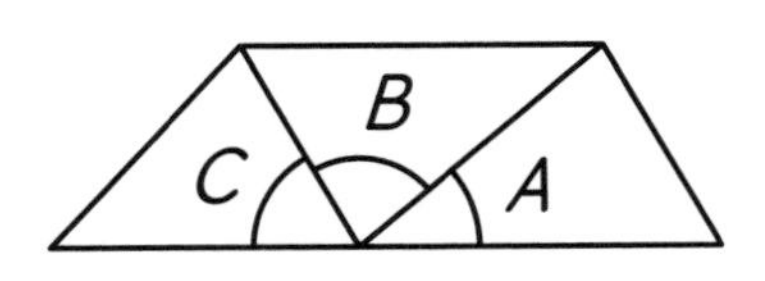
B
C
A

180°

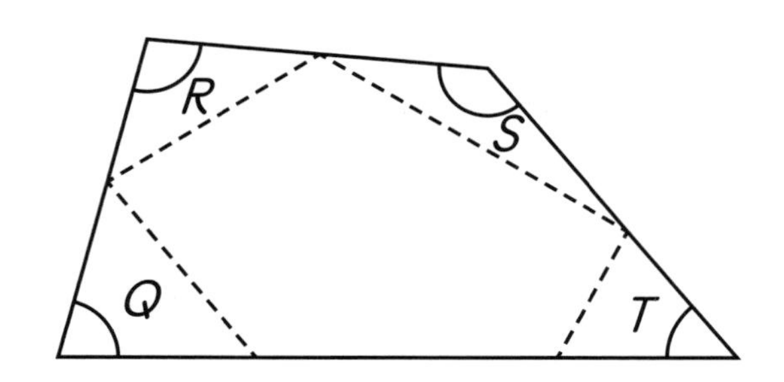

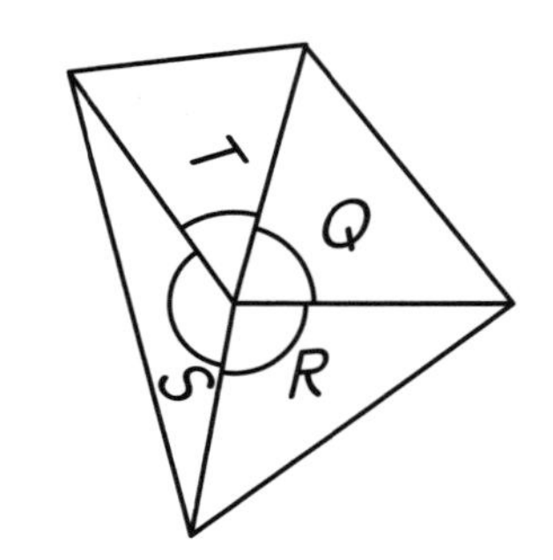

我们可以把四边形的四个角拼在一起，表示这些角的和是360°。

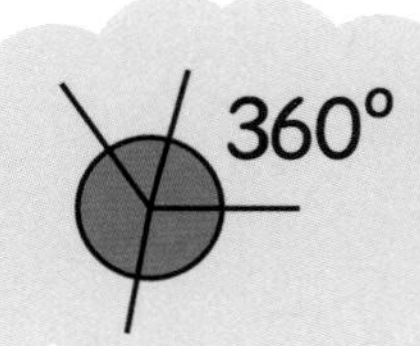

三角形内角和等于180°。
四边形内角和等于360°。

练 习

算一算每个角分别是多少度。

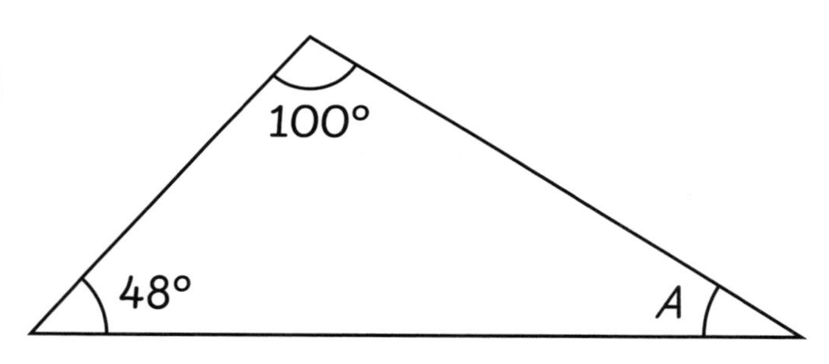

$\angle A =$ ☐

2

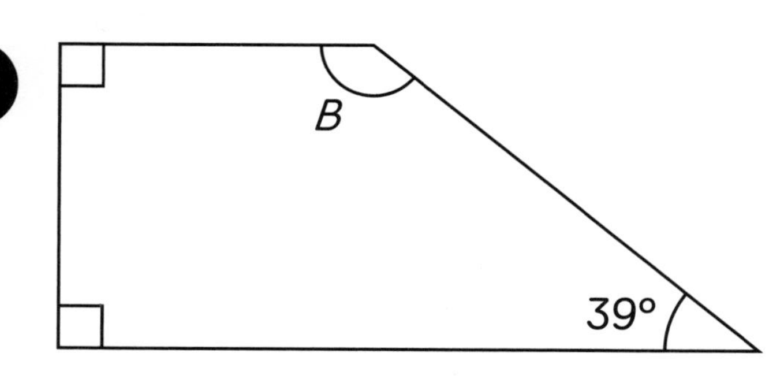

$\angle B =$ ☐

3

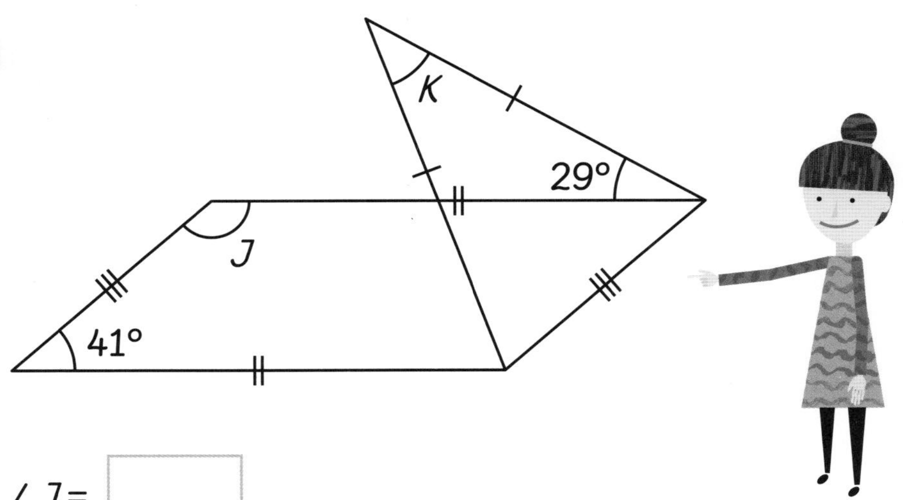

用相同数量的短线表示这几条边相等。

∠J = ______

∠K = ______

4

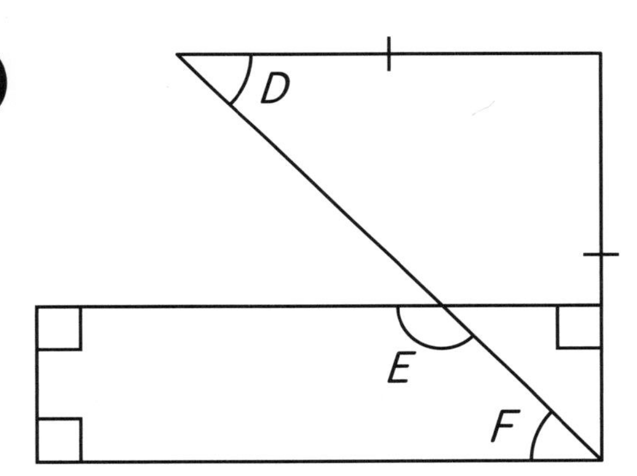

∠D = ______

∠E = ______

∠F = ______

准备

奥克注意到圆的半径和直径之间有某种关系。

你认为是什么关系呢？

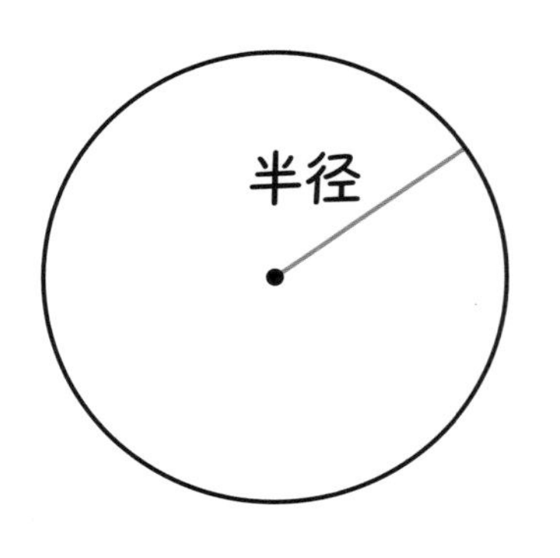

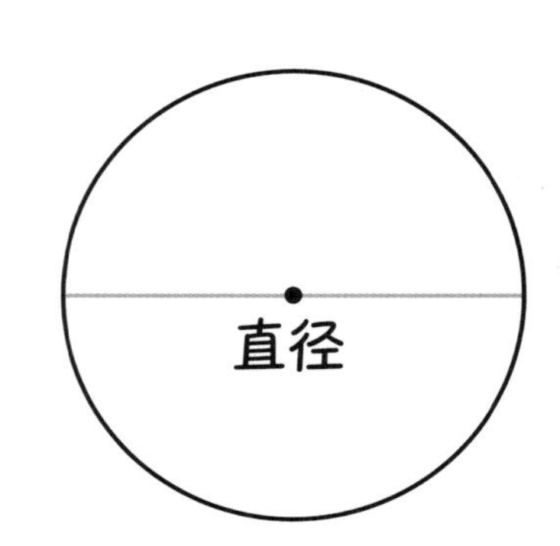

举例

直径的长度是半径的两倍。

我们可以用公式$d=2r$求直径的长度。

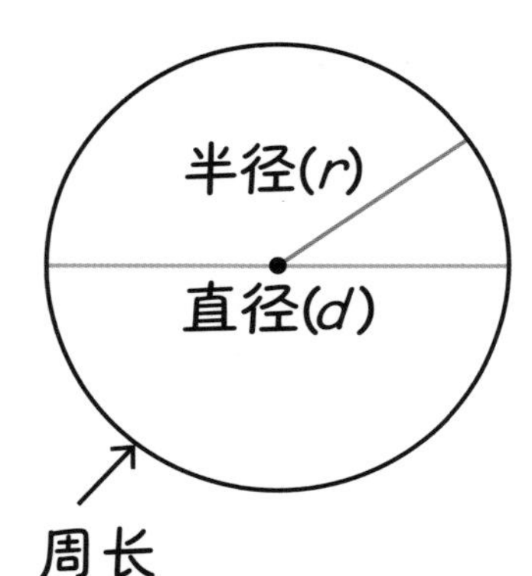

直径 = 2 × 半径

$d = 2 \times r$

$d = 2r$

绕圆一周的长度叫作圆的**周长**。

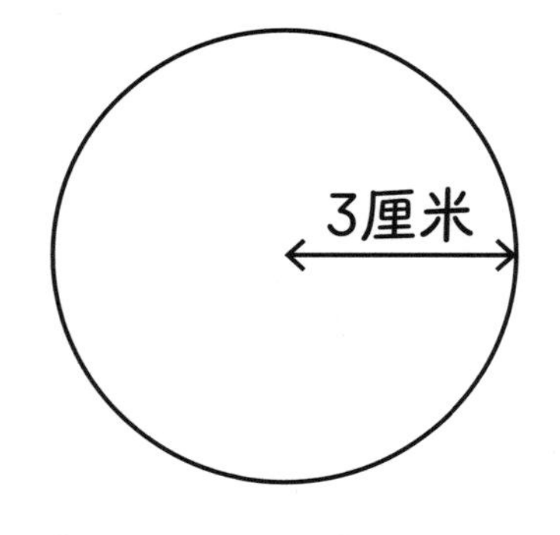

这个圆的半径是3厘米。

$d = 2r$

$d = 2 \times 3$

$d = 6$厘米

半径是3厘米，那么直径是6厘米。

练 习

1 计算下面圆的直径。

(1)

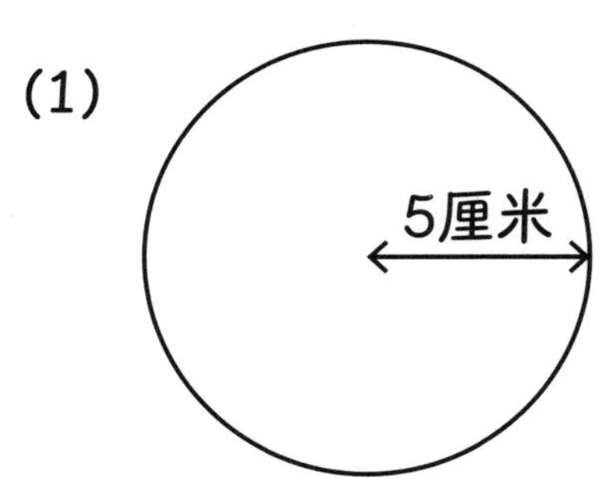

$d=$ ☐ 厘米

(2)

9厘米

$d=$ ☐ 厘米

2 计算圆的直径。

(1)

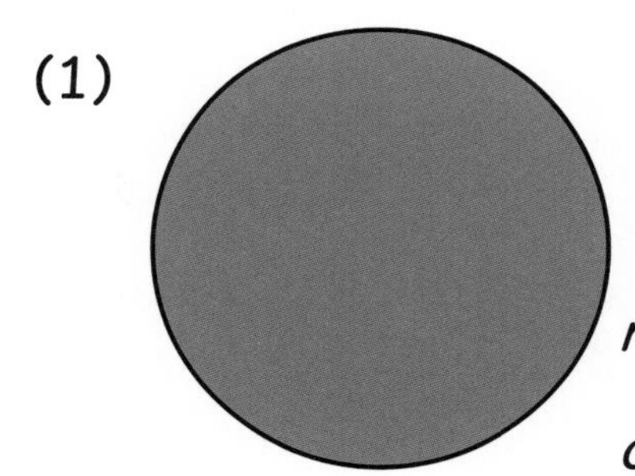

$r=4.3$厘米

$d=$ ☐ 厘米

(2)

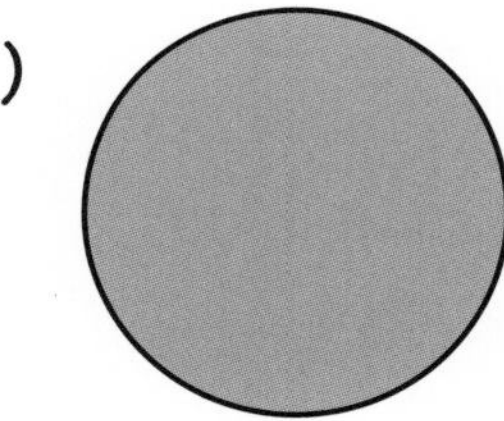

$r=2.8$厘米

$d=$ ☐ 厘米

3 计算圆的半径。

(1)

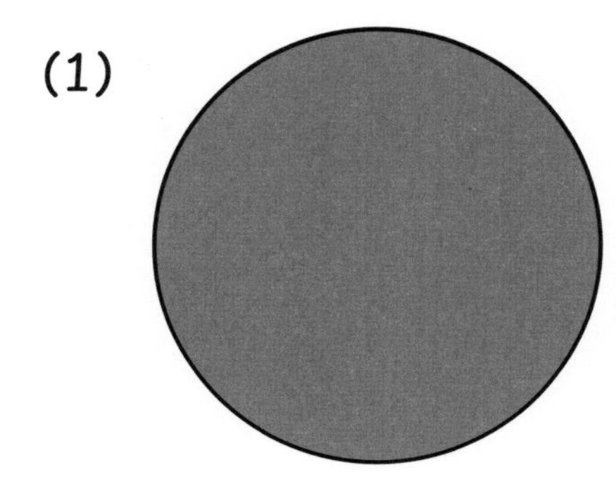

$d=7.2$ 厘米

$r=$ ☐ 厘米

(2)

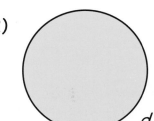

$d=5.6$厘米

$r=$ ☐ 厘米

绘制图形

准备

雅各布画了一个至少一条边为6厘米的图形。

雅各布可能画了什么图形?

举例

雅各布可能画了一个平行四边形。

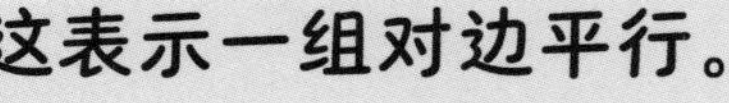

这表示一组对边平行。

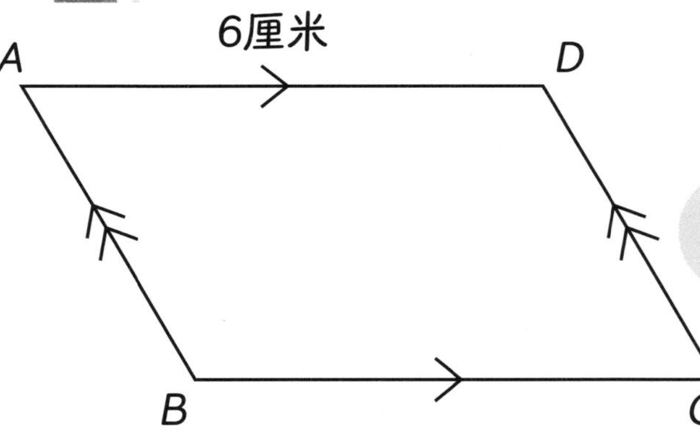

这表示另一组对边平行。

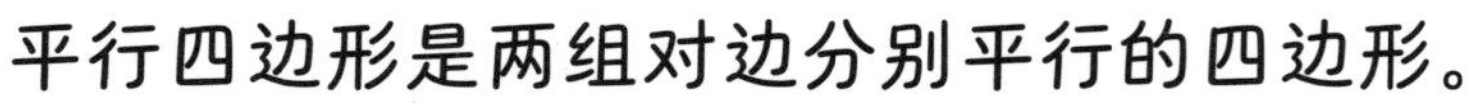

平行四边形是两组对边分别平行的四边形。
平行四边形的两组对边分别相等。
*AD*平行于*BC*。*AB*平行于*DC*。
*AD*和*BC*长度相等。*AB*和*DC*长度相等。
*ABCD*是平行四边形。

雅各布可能画了一个梯形。

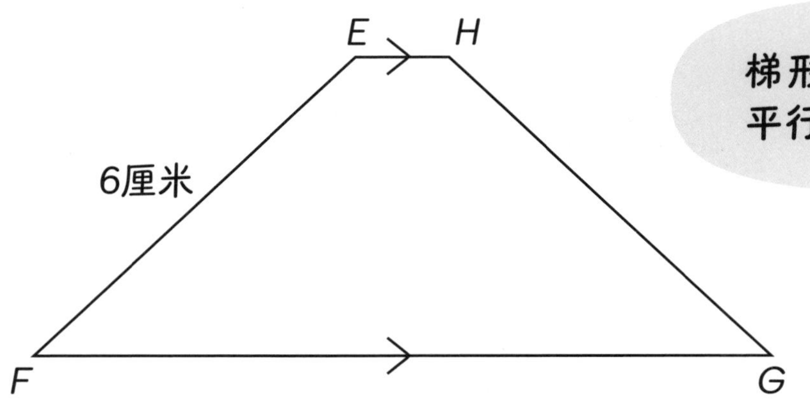

梯形是只有一组对边平行的四边形。

*EH*平行于*FG*。
*EF*不平行于*HG*。
*EFGH*只有一组对边平行。
*EFGH*是梯形。

我画了底是6厘米的三角形。

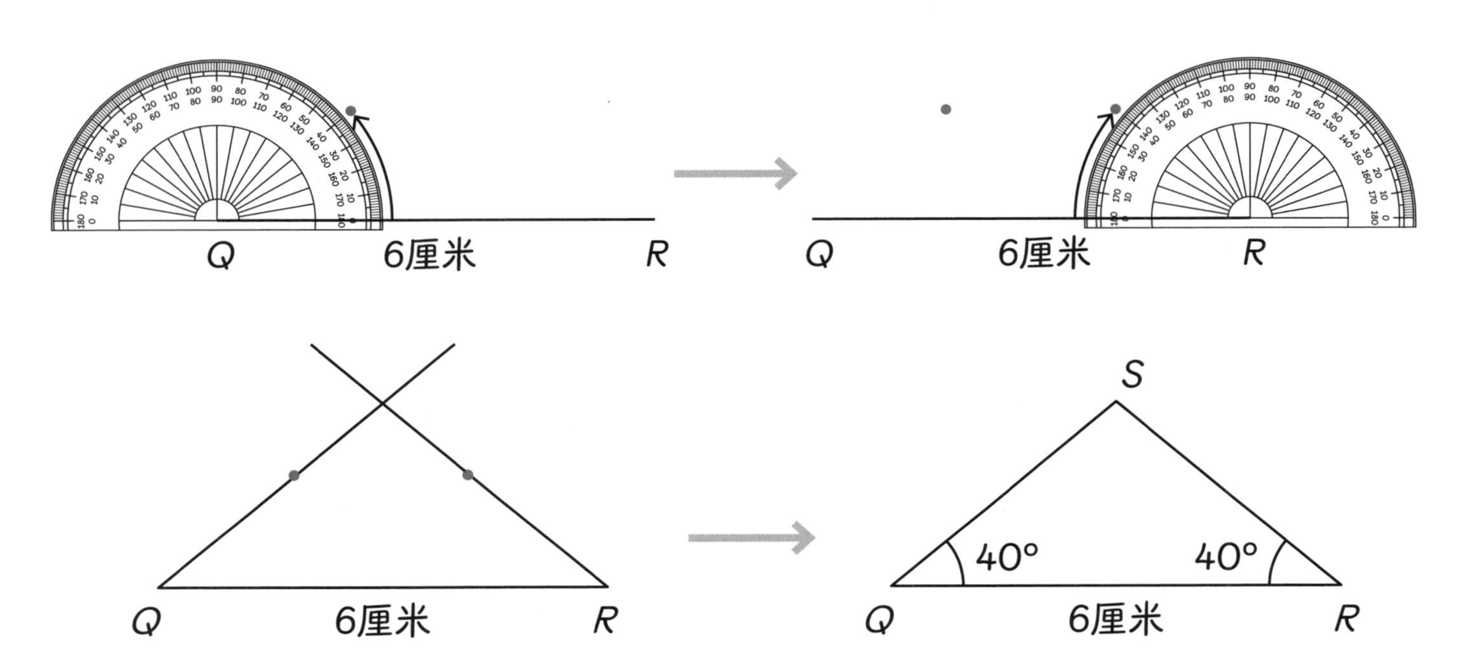

∠*SQR* 和 ∠*SRQ* 都是40°。

雅各布又按1：2的比例尺画了另一个三角形。

按1 ：2的比例尺意思是小三角形的1厘米代表2厘米。

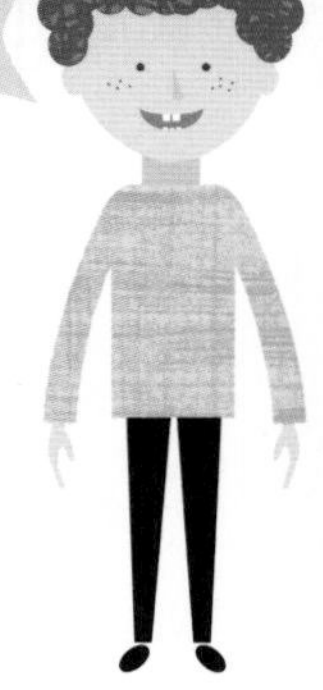

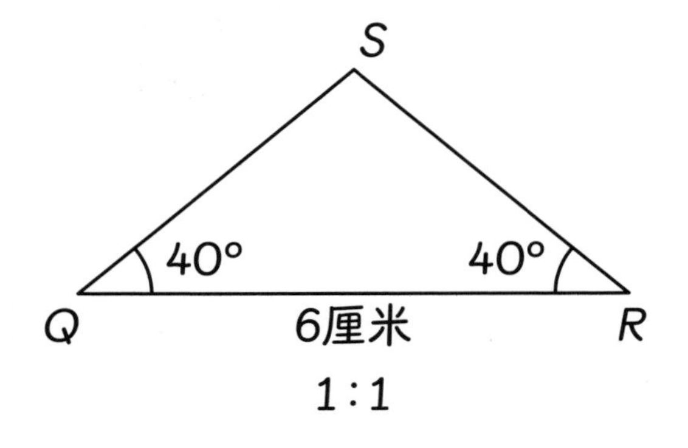

1：1

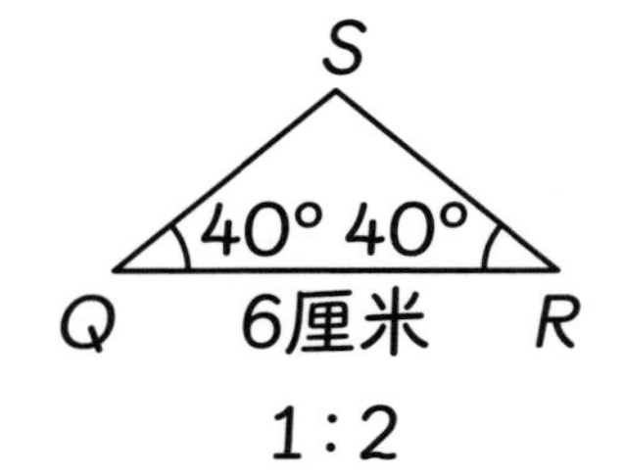

1：2

练 习

1 画一画平行四边形*EFGH*。
边*EF*、*HG*的长分别是3厘米。
边*EH*、*FG*的长分别是5厘米。

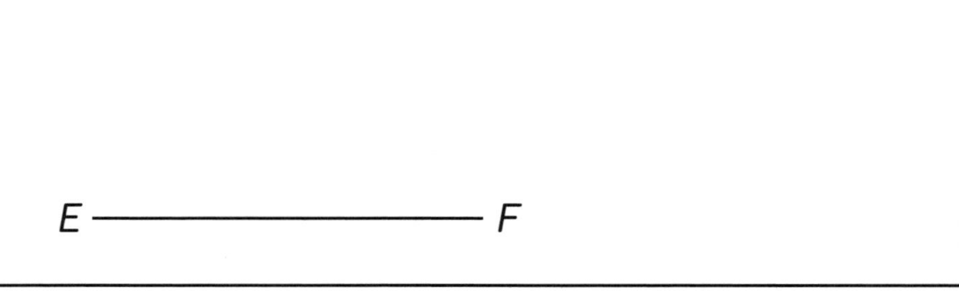

2 画一画梯形*QRST*。
边*QR*、*TS*的长分别是4厘米。

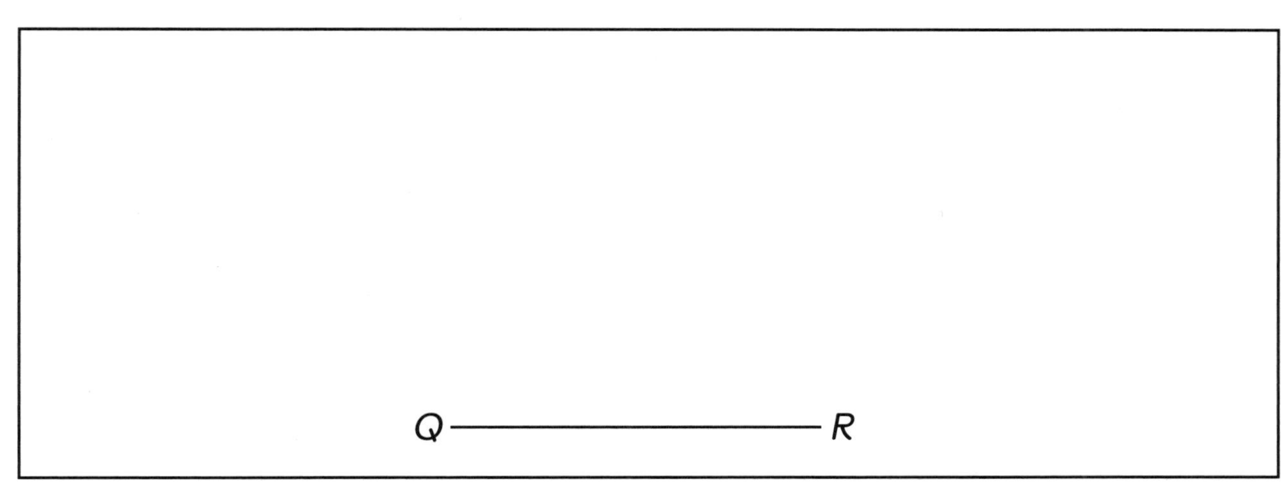

3 画一画三角形*XYZ*。
边*XY*长6厘米。∠*XYZ*是50°。∠*ZYX*是40°。

4 算一算边长*X*和*Y*的比。

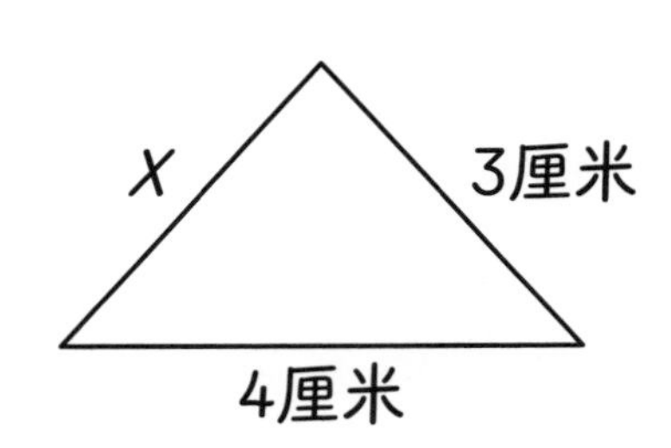

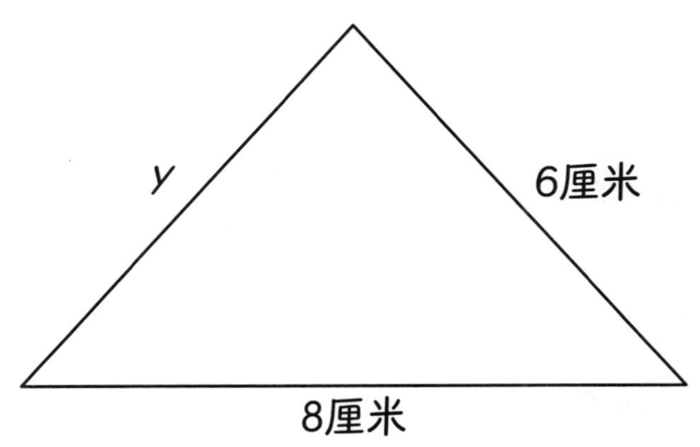

X : *Y*的比是 ______ 。

绘制平面展开图

第8课

准备

汉娜收到了包装盒里的一副耳机。

她打开后，展开包装盒，方便放进回收桶。

包装盒展开后是什么样子的？

举例

包装盒有6个长方形的面。

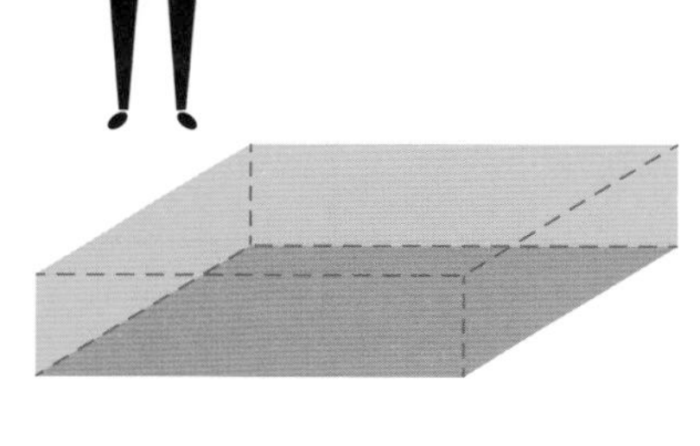

我们把这个平面图形叫作平面展开图。

我们可以把平面展开图折叠成立体图形。

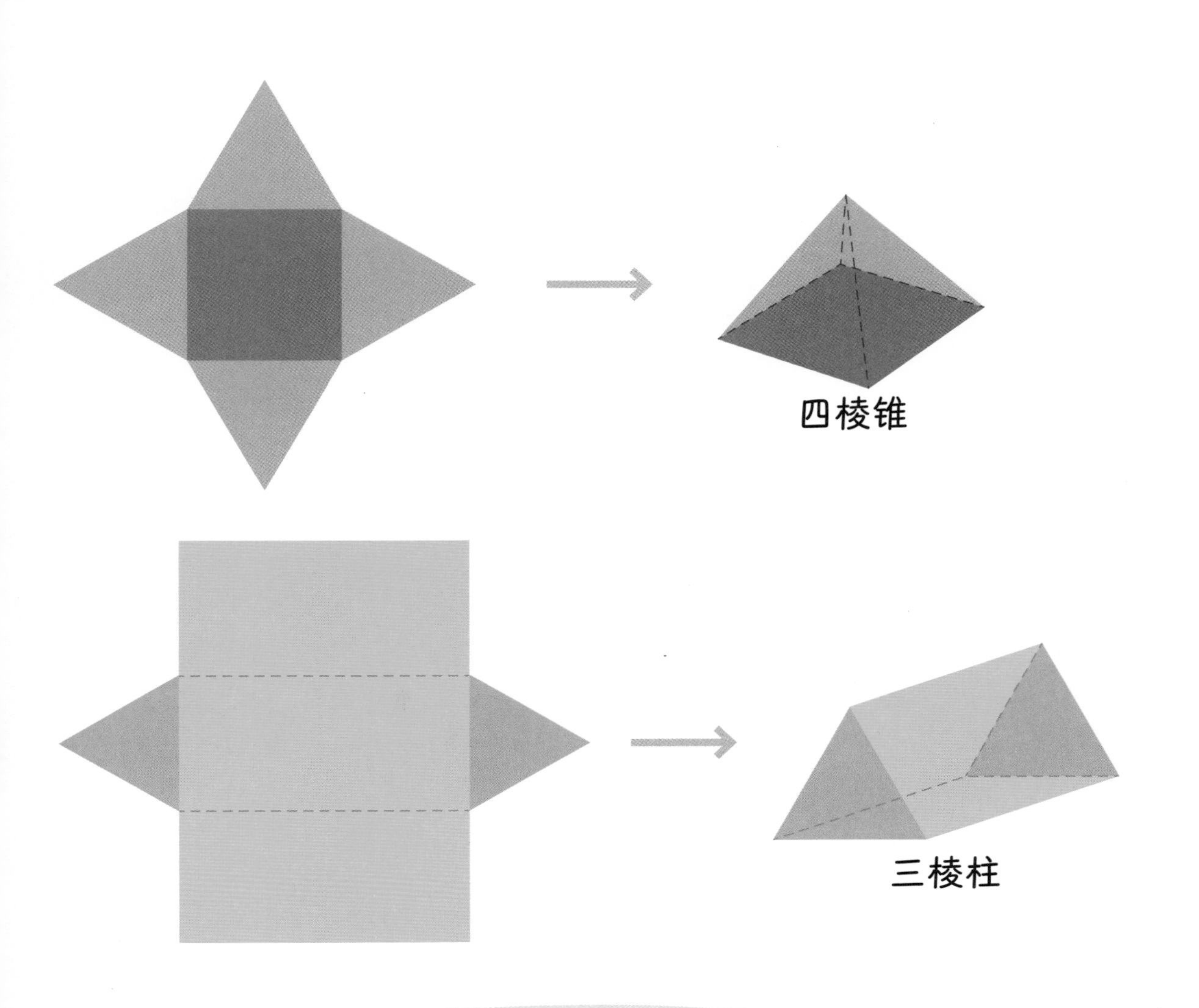
四棱锥
三棱柱

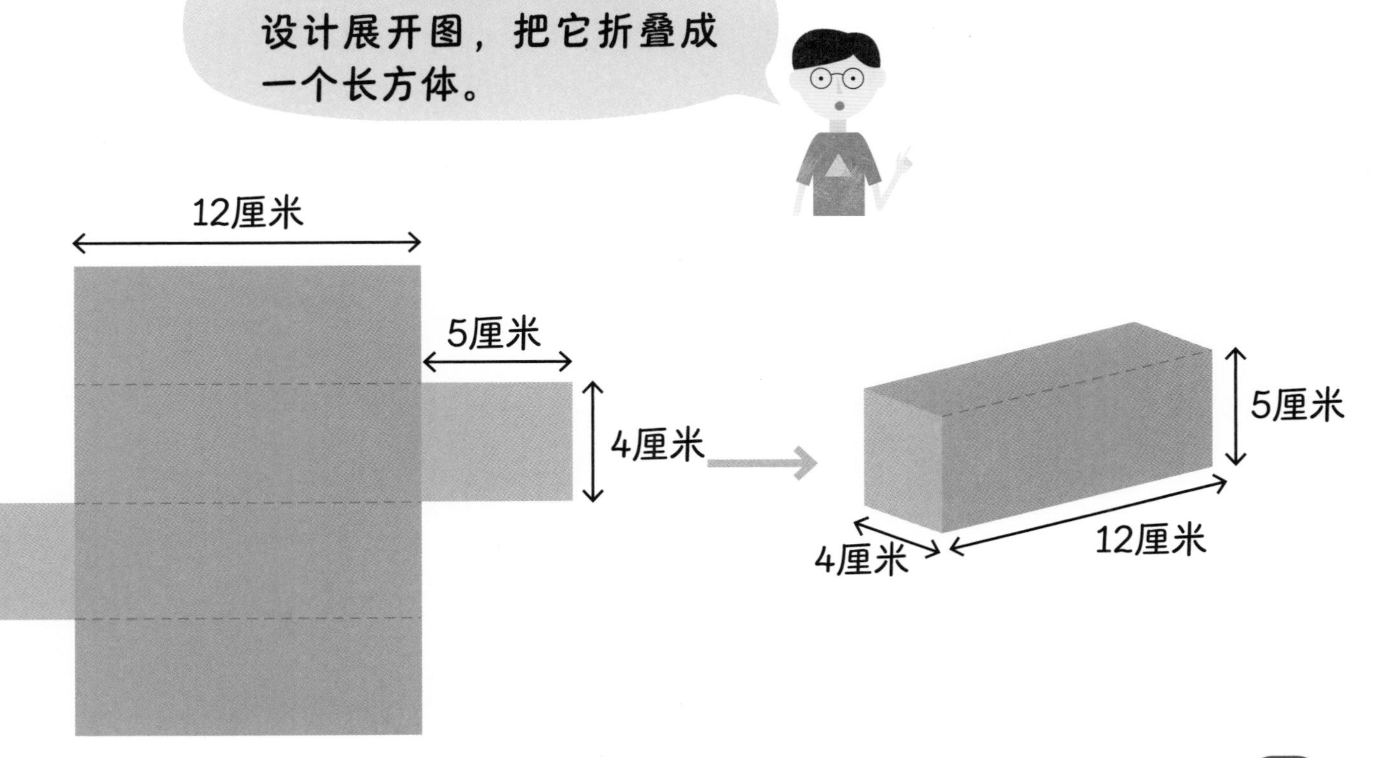
我们可以根据一定的尺寸设计展开图，把它折叠成一个长方体。
12厘米
5厘米
4厘米
5厘米
4厘米
12厘米

1 连一连。

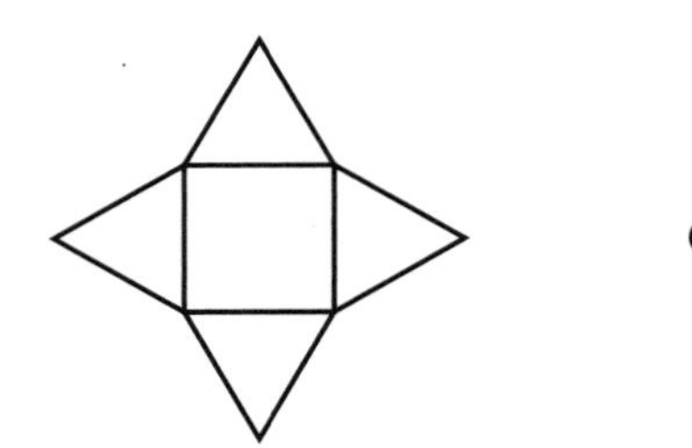

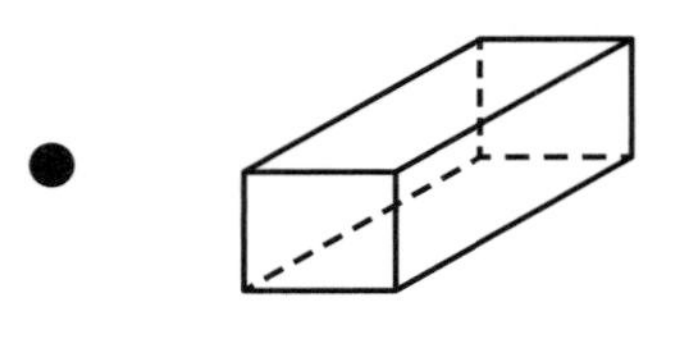

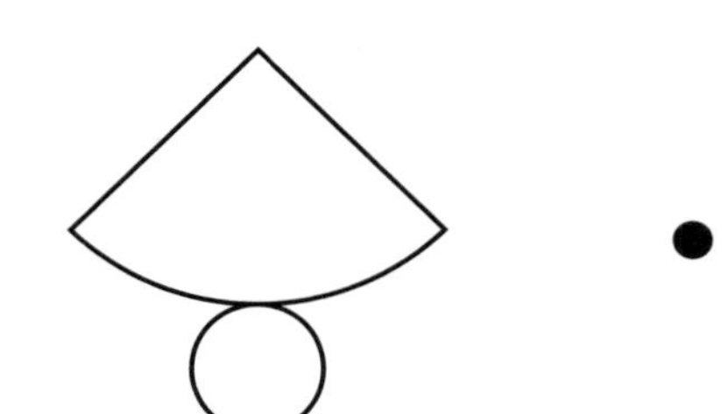

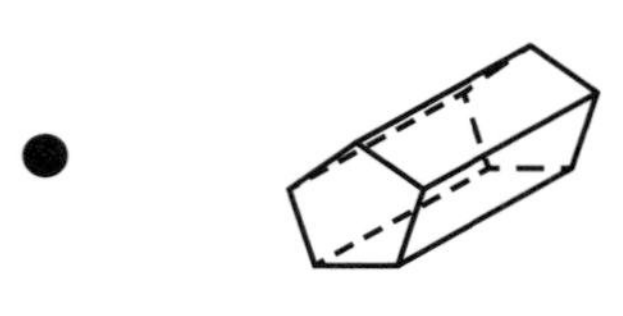

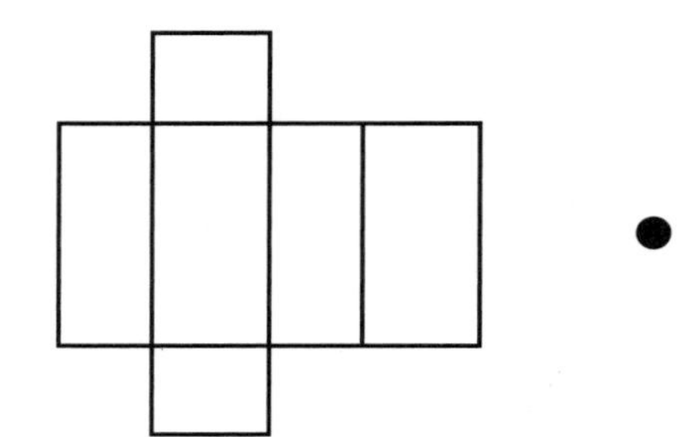

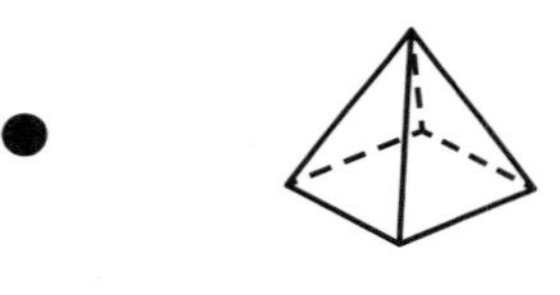

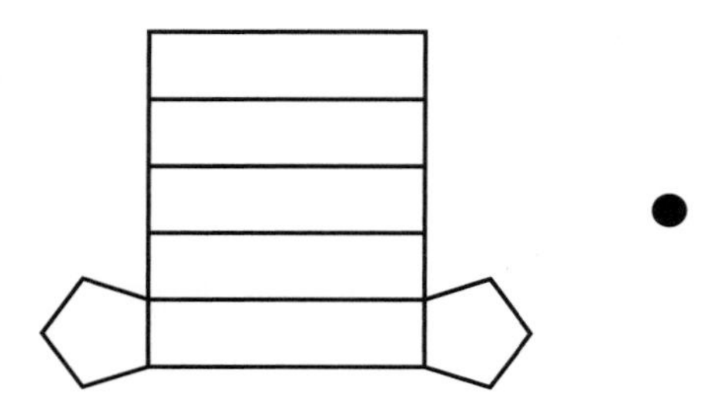

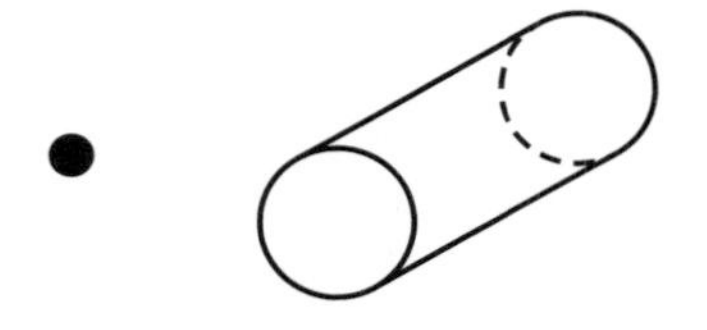

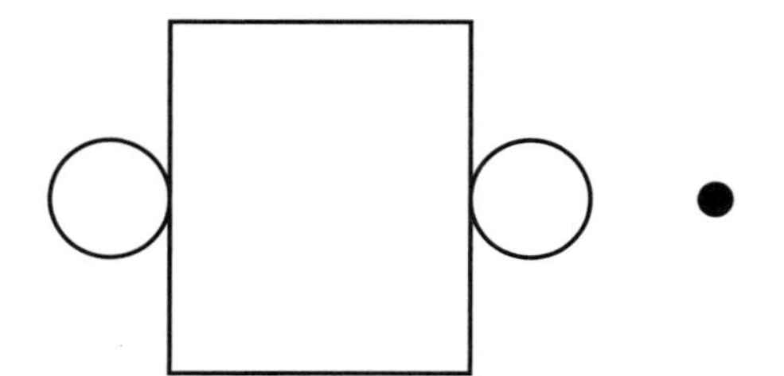

2 这是一个六棱柱。

(1) 六棱柱有 ☐ 个面。

(2) ☐ 个面是长方形。

(3) ☐ 个面是六边形。

(4) 画出六棱柱的平面展开图。

坐标系网格图中的多边形

第9课

准备

查尔斯在网格图中画了一个不等边三角形。

萨姆和汉娜也分别在这个网格图上画了另外的多边形。

他们可能画了什么图形？

我们可以怎样描述这些多边形的位置？

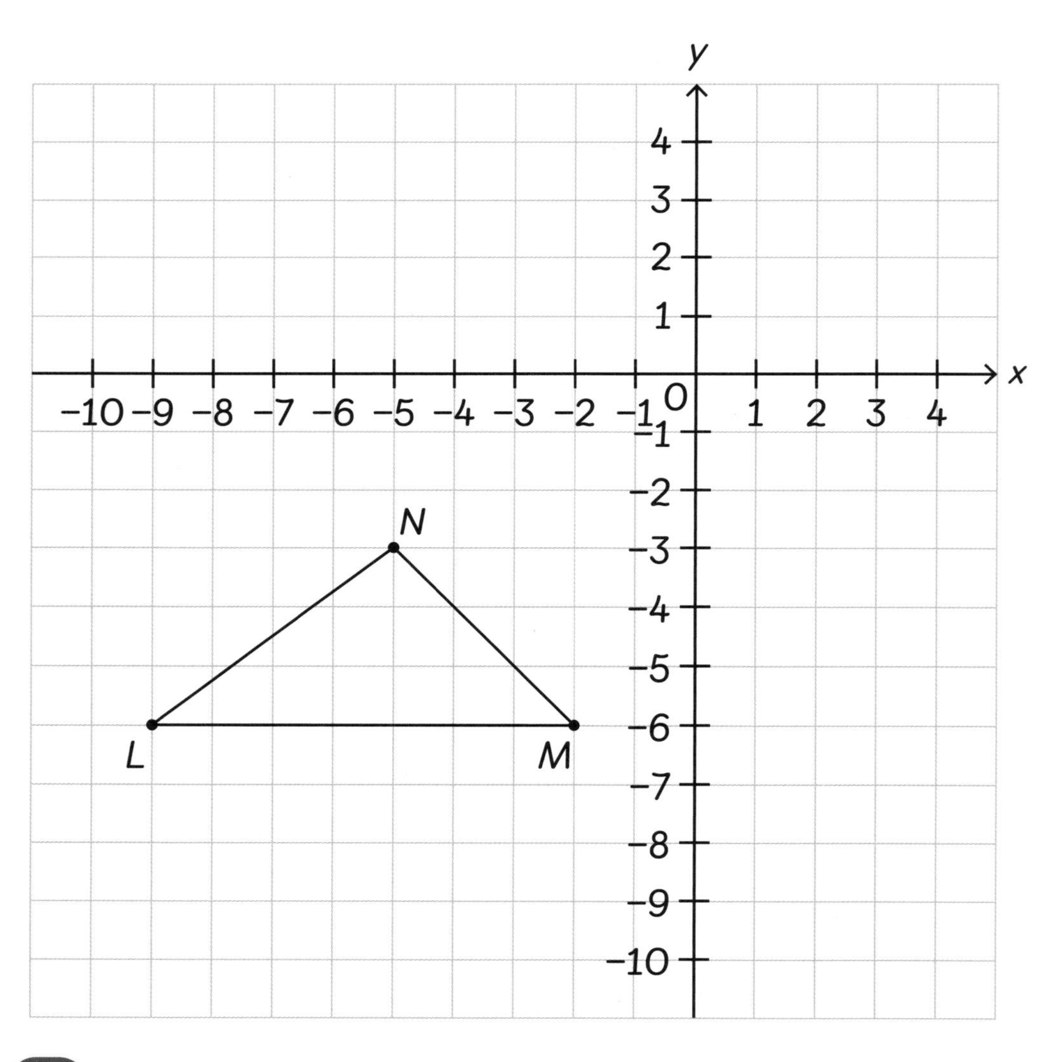

不等边三角形没有相等的边，三条边都不相等。

举例

我可以写出三角形*LMN*的坐标。

L(−9, −6)　*M*(−2, −6)　*N*(−5, −3)

萨姆可能画的是长方形*CDEF*。

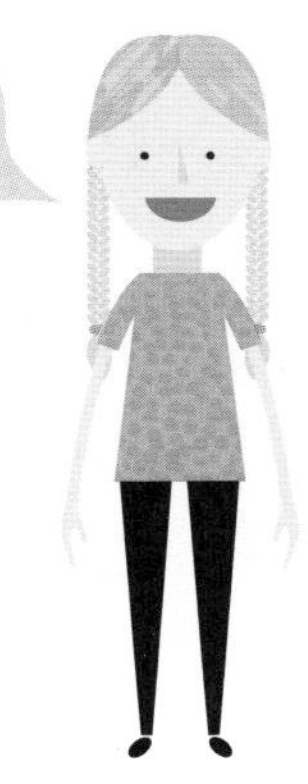

找一找萨姆画的长方形的坐标。

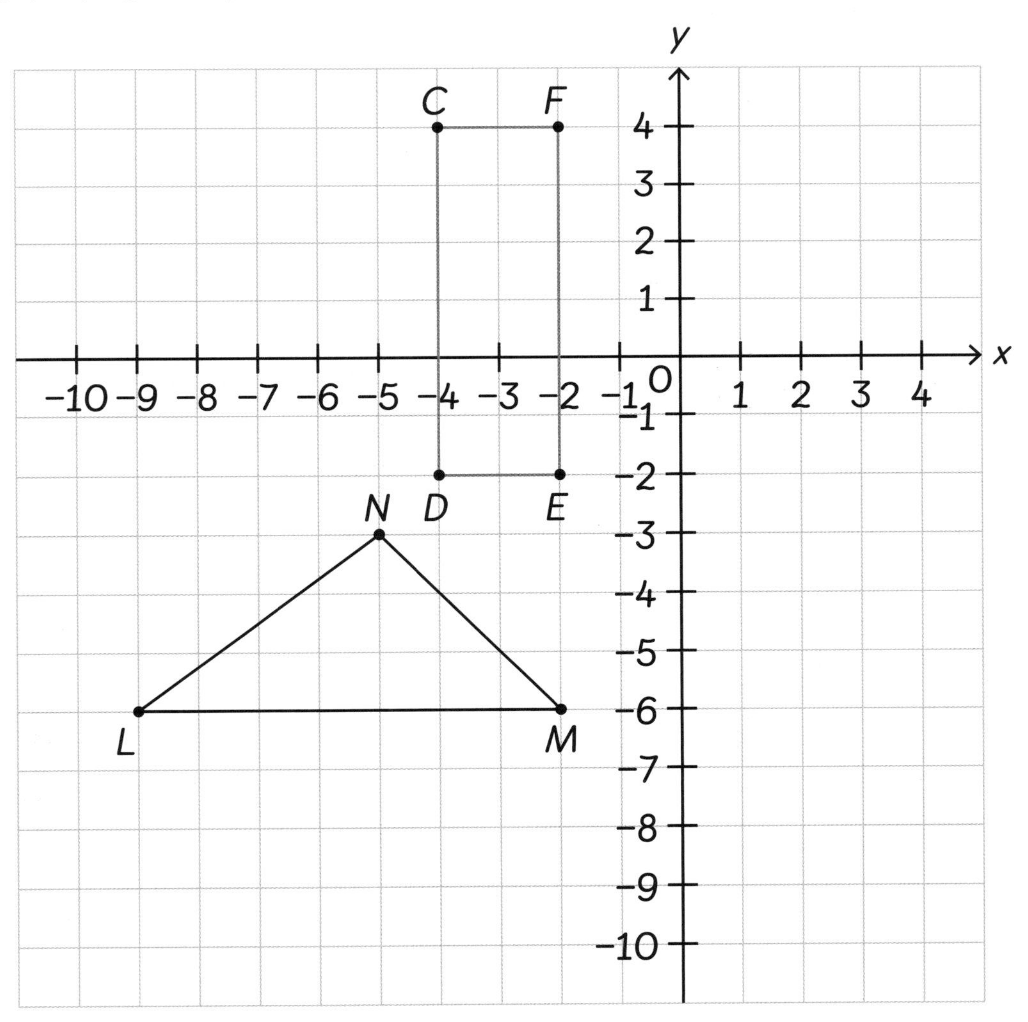

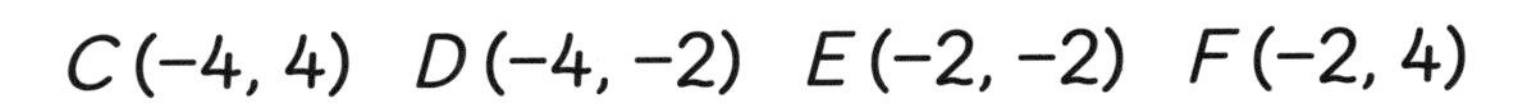

C(−4, 4)　*D*(−4, −2)　*E*(−2, −2)　*F*(−2, 4)

找一找汉娜画的
多边形的坐标。

汉娜可能画的是多边形*WXYZ*。

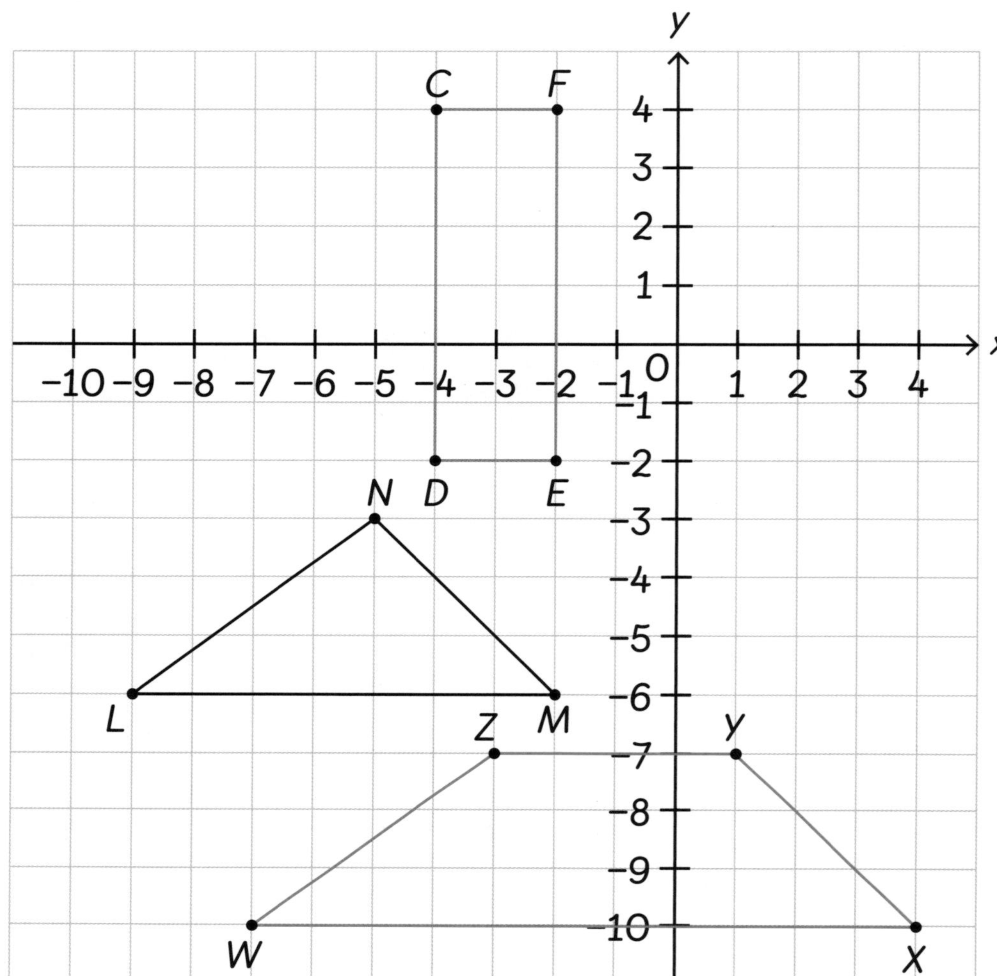

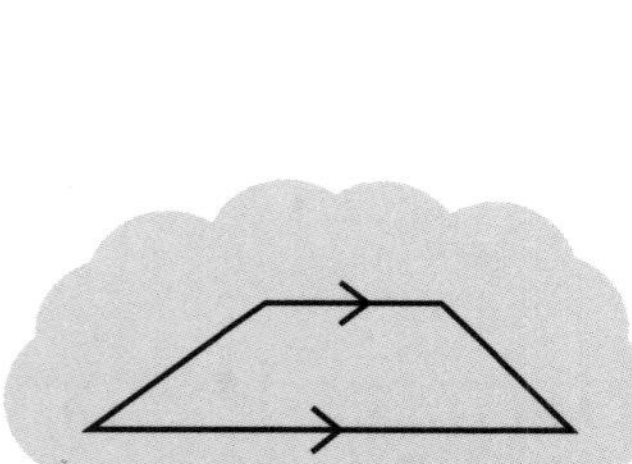

梯形是只有一组对边平行的四边形。
*WXYZ*是梯形，它的坐标是：
W(−7, −10)　*X*(4, −10)　*Y*(1, −7)　*Z*(−3, −7)

练 习

在网格图上画一画下面的图形。
每个图形的第一个点已经画好了。

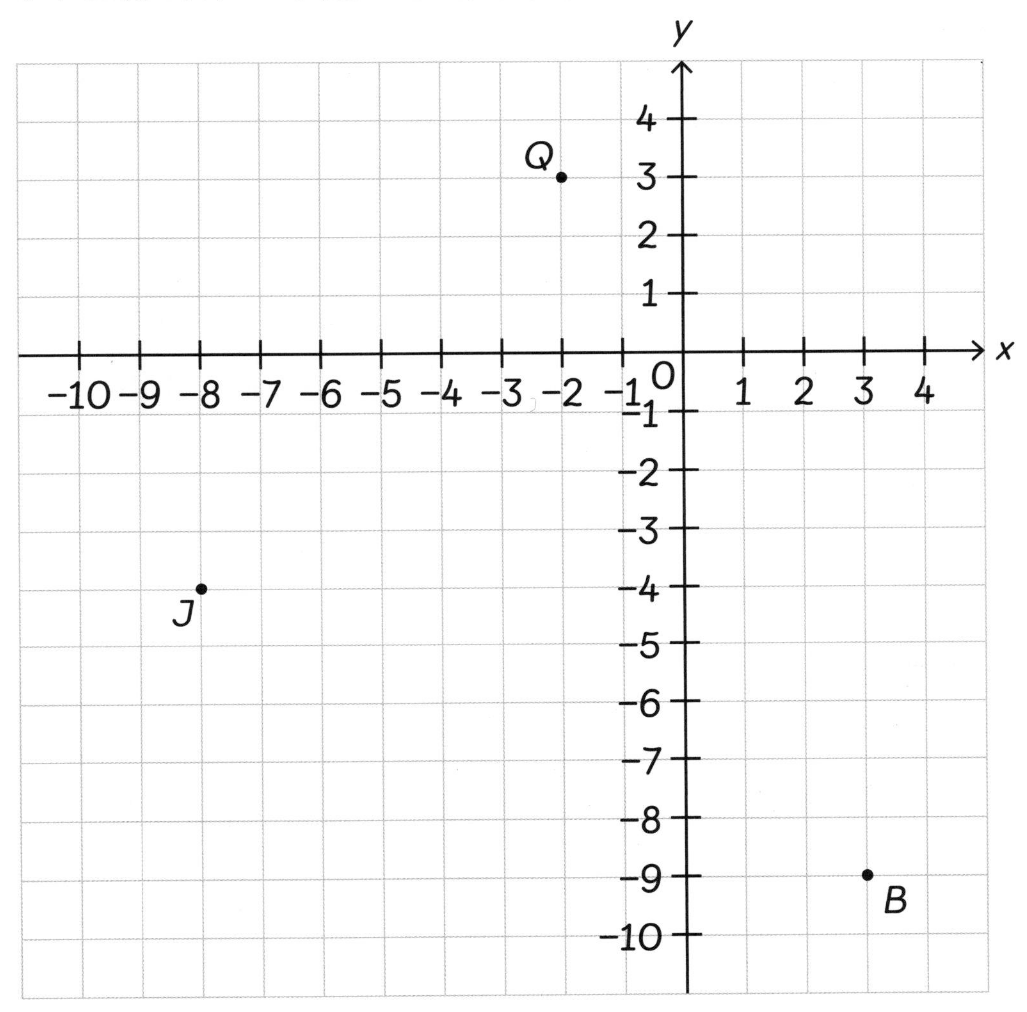

1 画出等腰三角形*JKL*，写出位置的坐标。

J(−8, −4)　*K*(　　,　　)　*L*(　　,　　)

2 画出平行四边形*BCDE*，写出位置的坐标。

B(3, −9)　*C*(　　,　　)　*D*(　　,　　)　*E*(　　,　　)

3 画出四边形*QRST*，写出位置的坐标。

Q(−2, 3)　*R*(　　,　　)　*S*(　　,　　)　*T*(　　,　　)

平移、轴对称和图形的运动

第10课

准备

图形*FLAG*移动到了绿色图形的位置。

图形*HOME*移动到了红色图形的位置。

我们可以怎样描述这些图形的运动？

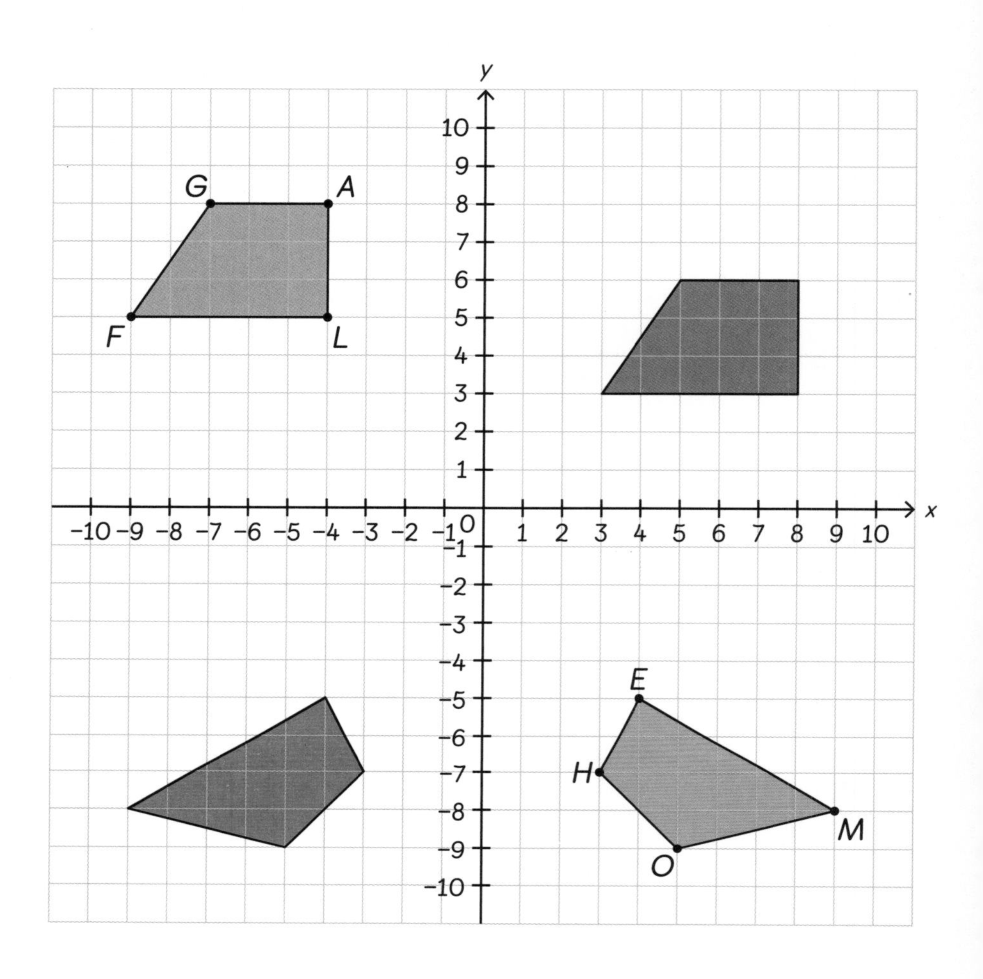

举例

先看一看点*F* (-9, 5)。

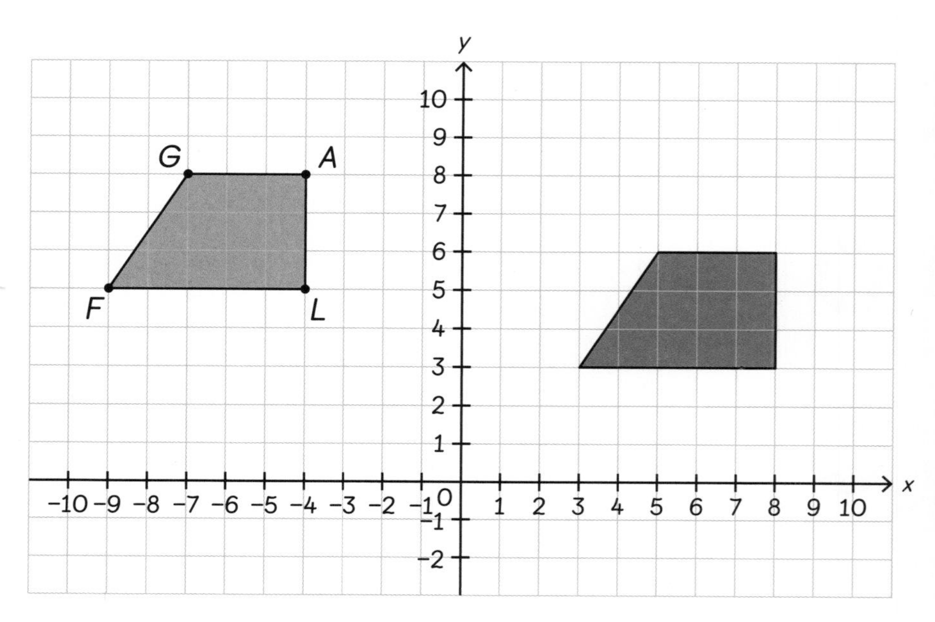

坐标从（-9，5）变为（3，3）。

这样的运动叫作平移。

梯形*FLAG*先向右平移了12个单位，再向下平移了2个单位。

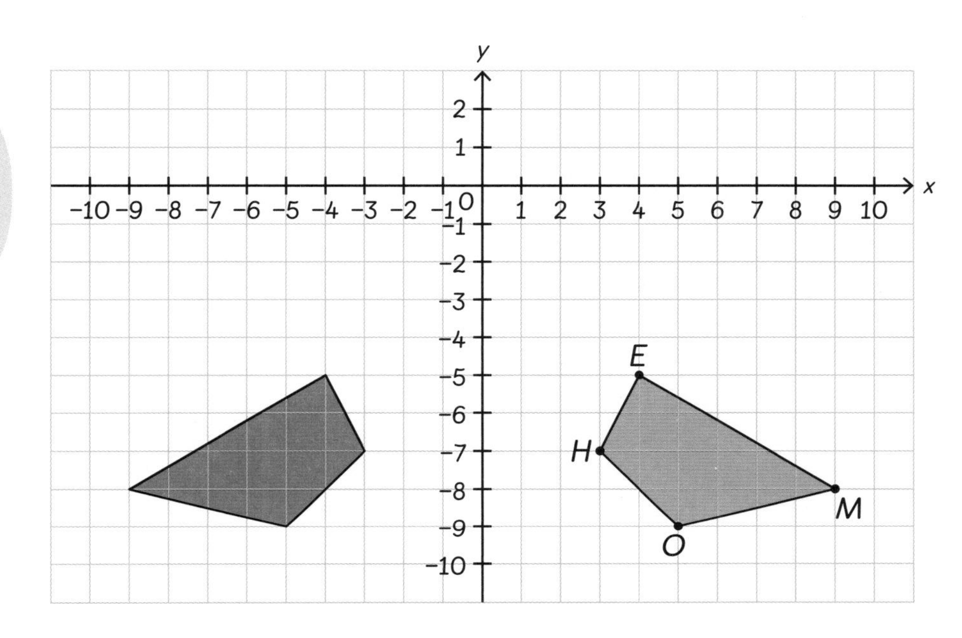

说一说四边形
*HOME*是怎样

这个图形做了
翻转的运动。

红色图形各顶点到y轴的
距离与粉色图形各顶点到
y轴的距离相等。

四边形*HOME*做了基于y轴的轴对称翻转。

点	轴对称之前的坐标	轴对称之后的坐标
H	(3, −7)	(−3, −7)
O	(5, −9)	(−5, −9)
M	(9, −8)	(−9, −8)
E	(4, −5)	(−4, −5)

练习

1 下面的坐标系网格图画出了图形*WAVES*和图形*A*。

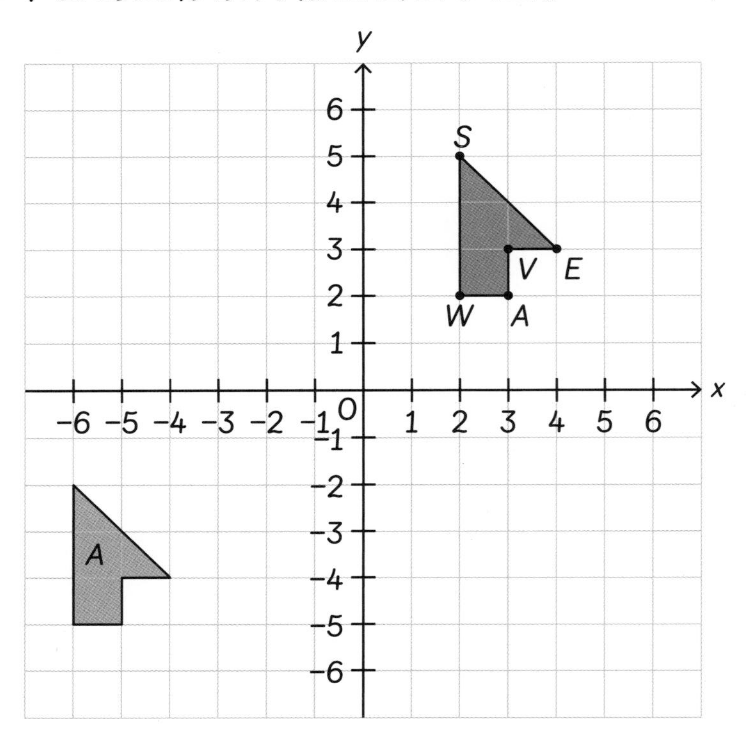

(1) 写出图形*WAVES*的坐标，以及平移到图形*A*后的坐标。

点	平移之前的坐标	平移到图形A的坐标
W	(☐ , ☐)	(☐ , ☐)
A	(☐ , ☐)	(☐ , ☐)
V	(☐ , ☐)	(☐ , ☐)
E	(☐ , ☐)	(☐ , ☐)
S	(☐ , ☐)	(☐ , ☐)

(2) 图形*WAVES*平移到图形*A*，先向 ______（上/下）平移了 ______ 个单位，再向 ______（左/右）平移了 ______ 个单位。

2 画出图形*BEACH*关于x轴对称的图形。

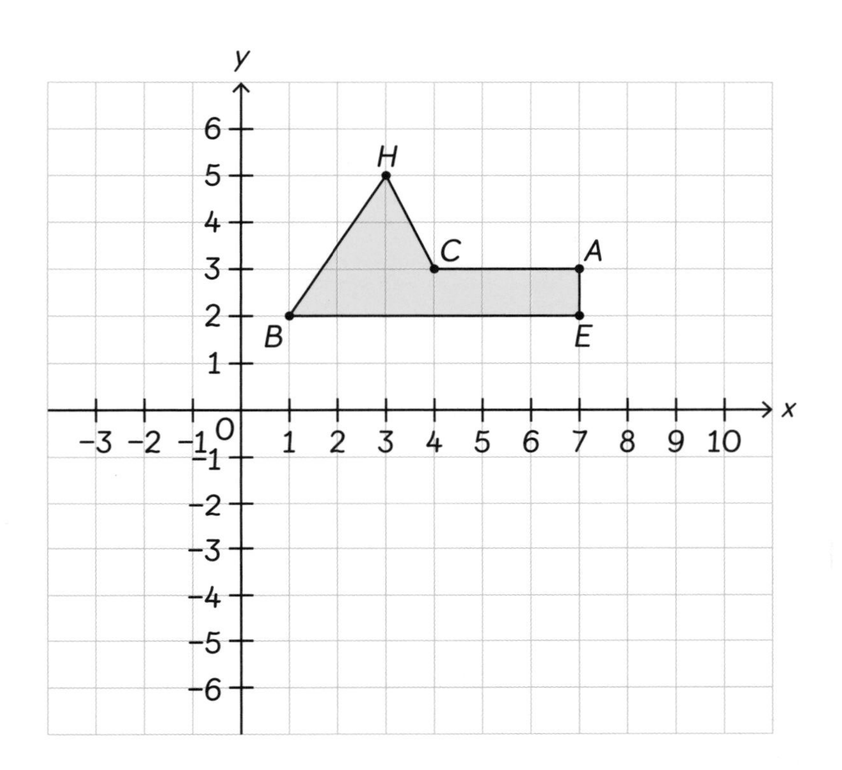

点	轴对称之前的坐标	轴对称之后的坐标
B	(______ , ______)	(______ , ______)
E	(______ , ______)	(______ , ______)
A	(______ , ______)	(______ , ______)
C	(______ , ______)	(______ , ______)
H	(______ , ______)	(______ , ______)

回顾与挑战

1 计算下面多边形的面积。

(1)

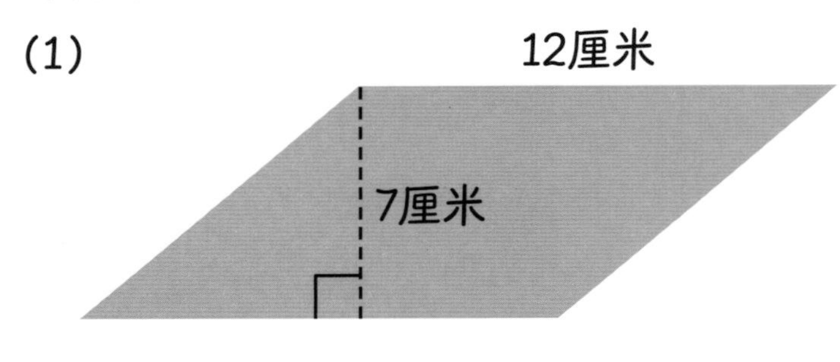

面积 = ☐ 平方厘米

(2)

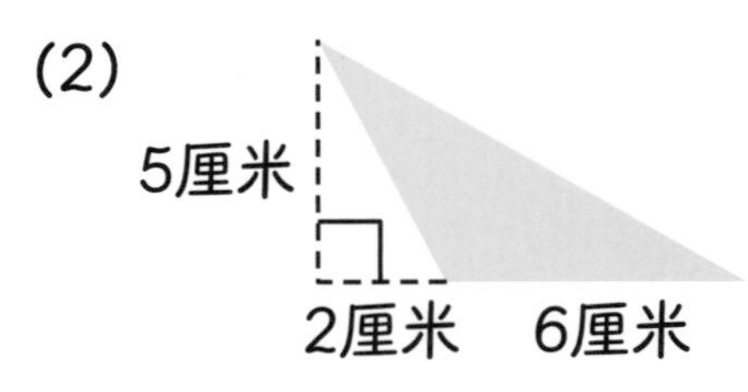

面积 = ☐ 平方厘米

2 计算下面长方体的体积。

(1)

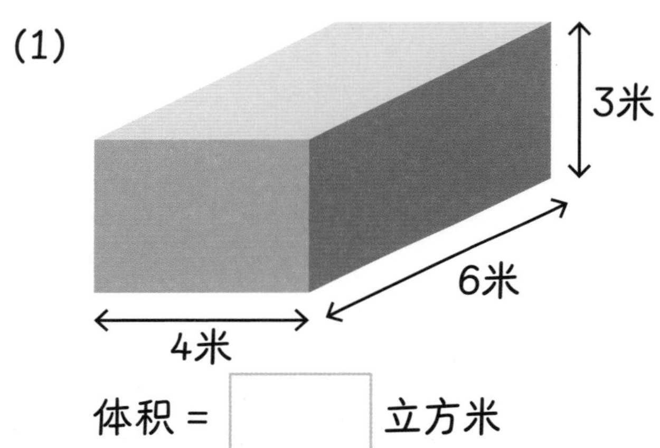

体积 = ☐ 立方米

(2)

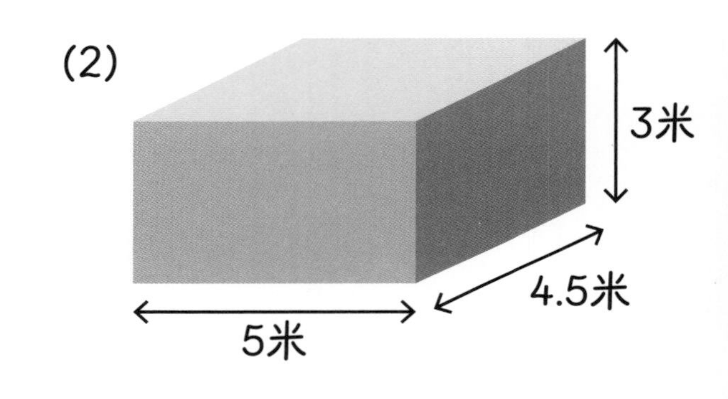

体积 = ☐ 立方米

3 算一算每个角分别是多少度。

(1)

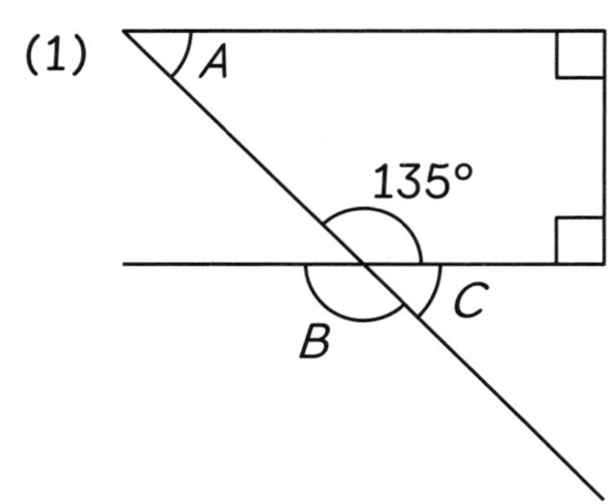

(2)

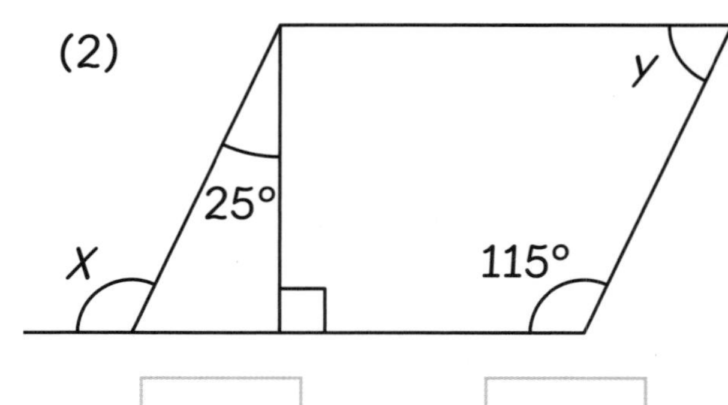

$\angle X =$ ☐ ° $\angle Y =$ ☐ °

$\angle A =$ ☐ ° $\angle B =$ ☐ ° $\angle C =$ ☐ °

4 观察立体图形，圈出正确的平面展开图。

(1)

(2)

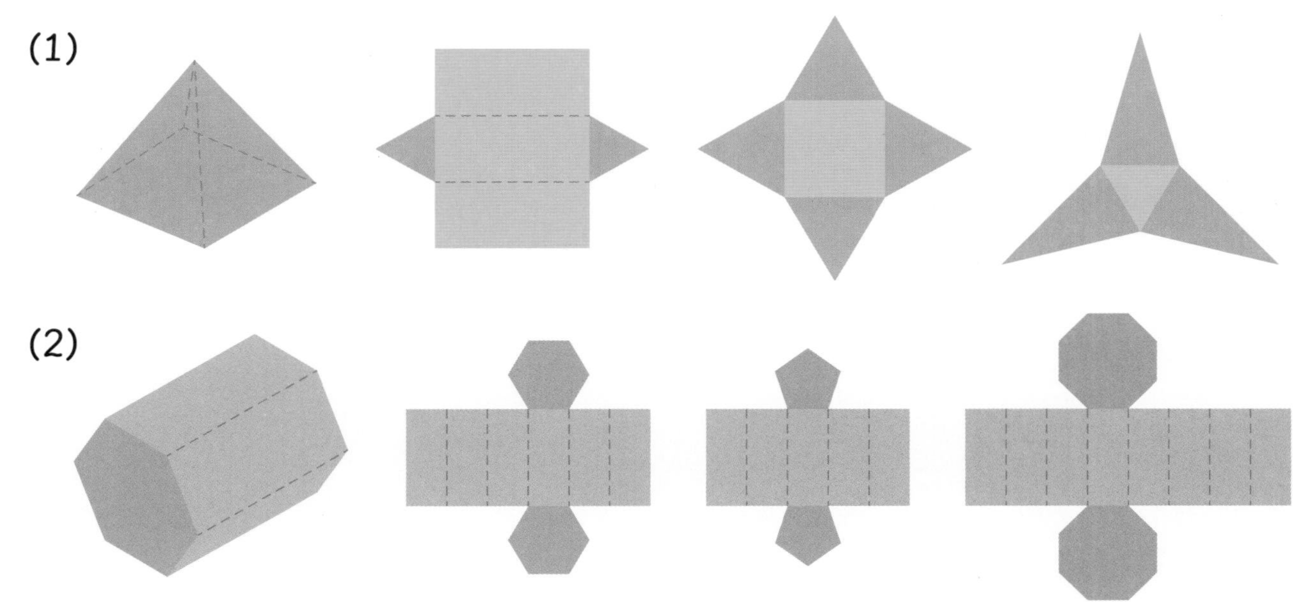

5

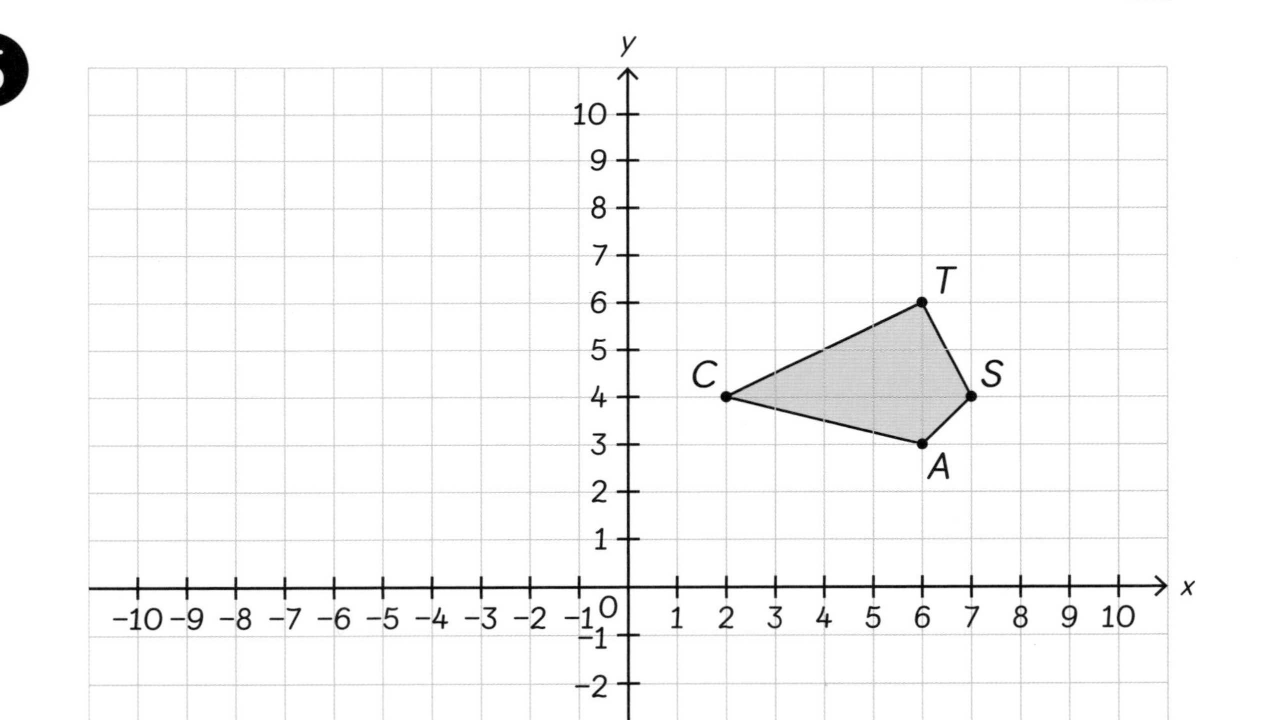

(1) 画出图形*CAST*关于y轴对称的图形。

(2) 画出图形*CAST*先向下平移2个单位，再向左平移8个单位的图形。

(3) 如果图形*CAST*先向下平移6个单位，再向左平移7个单位，点*T*点的坐标是 （ ☐ ， ☐ ）

参考答案

第 7 页　3 2个单位 4 1个单位 5 1个单位

第 12 页　1 面积 = 16平方厘米 2 面积 = 20平方厘米

第 13 页　3 面积 = 28平方厘米 4 面积 = 24平方厘米 5 面积 = 30平方厘米 6 面积 = 16平方厘米
7 面积 = 19.5平方厘米

第 16 页　1 体积 = $4 \times 3 \times 2 = 24$立方厘米 2 体积 = $5 \times 3 \times 4 = 60$立方厘米

第 17 页　3 体积 = 48立方厘米 4 体积 = 720立方厘米 5 体积 = 960立方厘米

第 20 页　1 **(1)** $\angle C = \angle D, \angle E = \angle F$ **(2)** $\angle S = \angle U, \angle V = \angle T$

第 21 页　2 **(1)** $\angle P = 145°, \angle Q = 35°, \angle R = 145°$ **(2)** $\angle M = 39°, \angle N = 79°$ **(3)** $\angle X = 57°, \angle Y = 33°$

第 24 页　1 $\angle A = 32°$ 2 $\angle B = 141°$

第 25 页　3 $\angle J = 139°, \angle K = 40°$ 4 $\angle D = 45°, \angle E = 135°, \angle F = 45°$

第 27 页　1 **(1)** $d = 10$厘米 **(2)** $d = 18$厘米 2 **(1)** $d = 8.6$厘米 **(2)** $d = 5.6$厘米 3 **(1)** $r = 3.6$厘米 **(2)** $r = 2.8$厘米

第 30 页　1

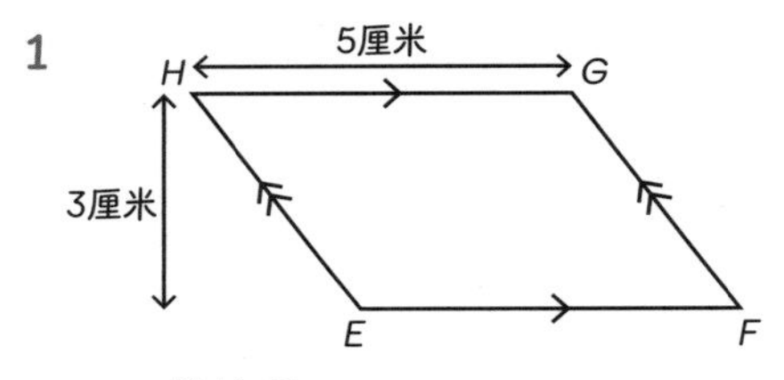

2

T
S
4厘米
Q
R

3

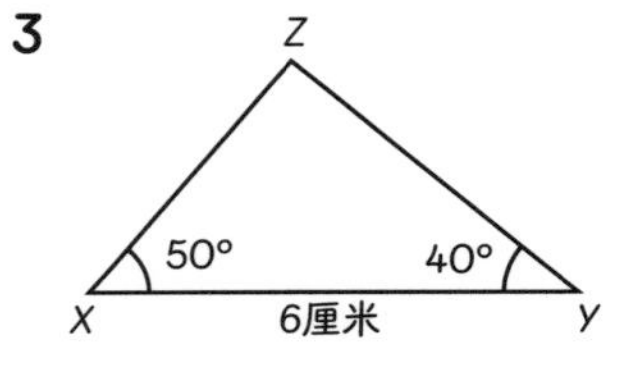

4 $x : y$的比是 1 : 2.

第 34 页　1

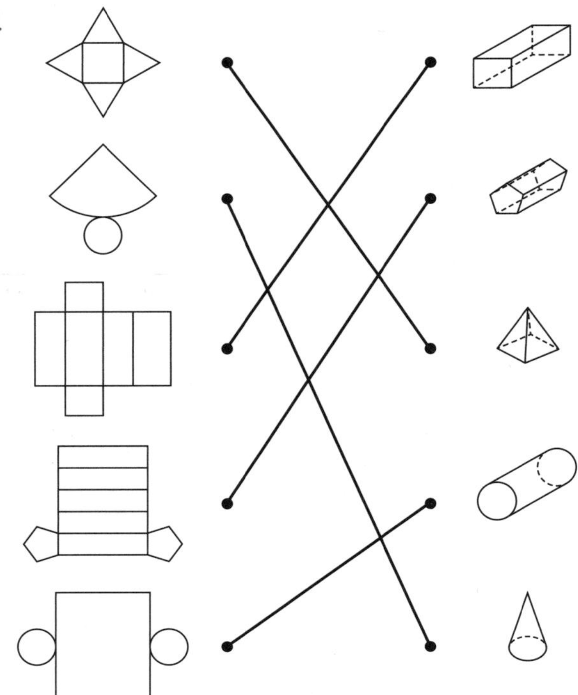

第 35 页　2 **(1)** 六棱柱有8个面。 **(2)** 6个面是长方形。 **(3)** 2个面是六边形。

(4)

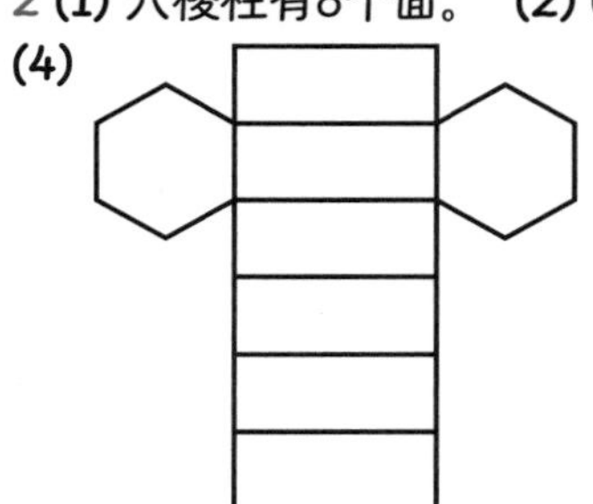

第 39 页　1–3 答案不唯一。举例：
$K(-4, -4)$, $L(-6, -9)$;
$C(-2, -9)$, $D(-1, -6)$,
$E(2, -6)$; $R(3, 2)$,
$S(3, -2)$, $T(-2, -2)$

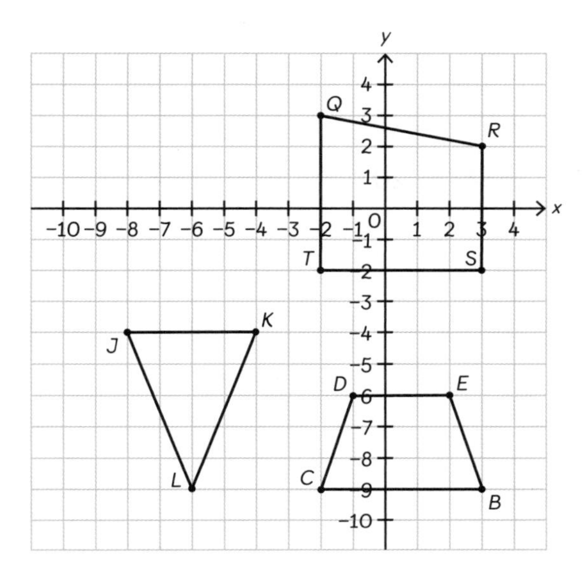

第 42 页　1 **(1)**

点	平移之前的坐标	平移到图形*A*的坐标
W	(2, 2)	(−6, −5)
A	(3, 2)	(−5, −5)
V	(3, 3)	(−5, −4)
E	(4, 3)	(−4, −4)
S	(2, 5)	(−6, −2)

第 43 页　**(2)** 图形*WAVES*平移到图形*A*，先向下平移了7个单位，再向左平移了8个单位。

2

点	轴对称之前的坐标	轴对称之后的坐标
B	(1, 2)	(1, −2)
E	(7, 2)	(7, −2)
A	(7, 3)	(7, −3)
C	(4, 3)	(4, −3)
H	(3, 5)	(3, −5)

第 44 页　1 (1) 面积 = 84平方厘米 (2) 面积 = 15平方厘米 2 (1) 体积 = 72立方厘米 (2) 体积 = 67.5立方厘米
3 (1) $\angle A = 45°$, $\angle B = 135°$, $\angle C = 45°$ (2) $X = 115°$, $Y = 65°$

第 45 页　4 (1)

(2)

5 (1–2)

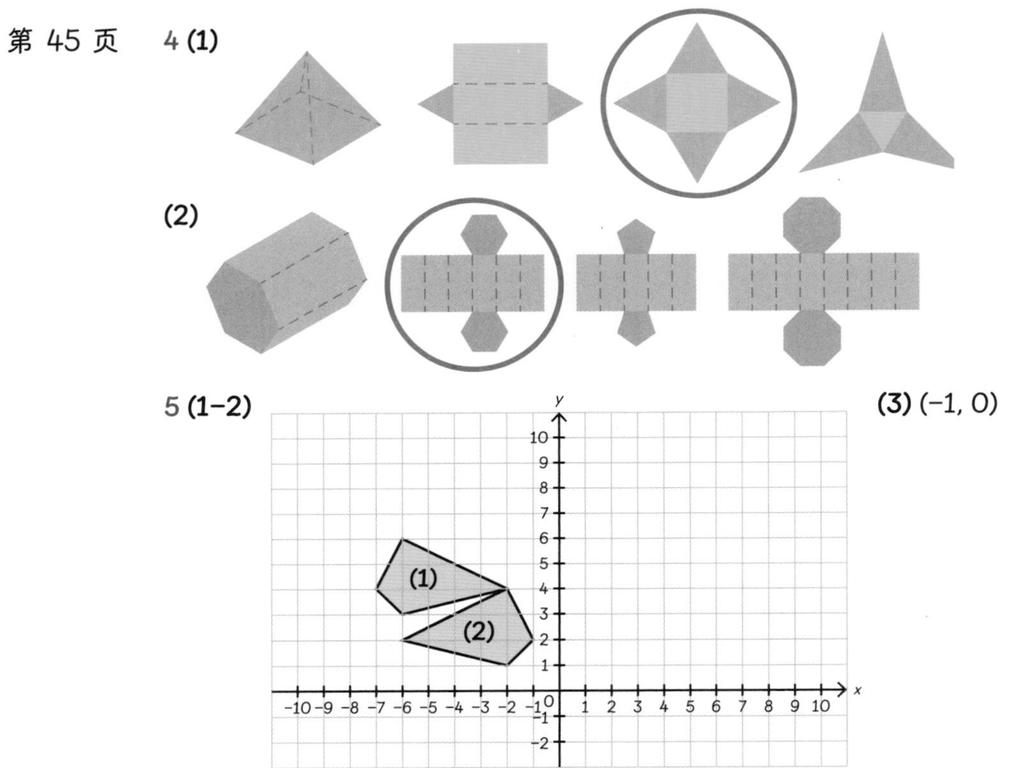

(3) (−1, 0)